国家级职业教育规划教材

全国职业院校烹饪专业教材

现代厨具及设备

朱长征　主编

中国劳动社会保障出版社

简 介

本书为全国职业院校烹饪专业教材，内容包括中式厨具、中式厨房加工设备、烹饪加热设备、厨房制冷设备、西餐厨具及设备、面点加工器具及设备、厨房其他设备、我国厨具及设备的发展等。本书介绍了大量常见现代厨具及设备的功能、特点、使用方法及维护保养要求，内容实用，难易适中，切合职业院校教学实际。

本书由朱长征任主编，李顺发任副主编，张强、谢卫国、尹涛、段晓艳、房四辈、邢记参加编写。

图书在版编目（CIP）数据

现代厨具及设备 / 朱长征主编. --北京：中国劳动社会保障出版社，2021
全国职业院校烹饪专业教材
ISBN 978-7-5167-4551-9

Ⅰ.①现… Ⅱ.①朱… Ⅲ.①炊具-中等专业学校-教材 Ⅳ.①TS972.21

中国版本图书馆CIP数据核字（2021）第028387号

中国劳动社会保障出版社出版发行

（北京市惠新东街 1 号 邮政编码：100029）

*

北京华联印刷有限公司印刷装订 新华书店经销

787 毫米 × 1092 毫米 16 开本 10.5 印张 166 千字

2021 年 3 月第 1 版 2025 年 12 月第 8 次印刷

定价：23.00 元

营销中心电话：400-606-6496

出版社网址：http://www.class.com.cn

http://jg.class.com.cn

前　言

近年来，随着我国社会经济、技术的发展，以及人们生活水平的提高，餐饮行业也在不断创新中向前发展。餐饮业规模逐年增长，新标准、新技术、新设备和新方法不断出现，人们对餐饮的需求也日益丰富多样。随着餐饮行业的发展，餐饮企业对从业人员的知识水平和职业能力水平提出了更高的要求。为了培养更加符合餐饮企业需要的技能人才，我们组织了一批教学经验丰富、实践能力强的一线教师和行业、企业专家，在充分调研的基础上，编写了这套全国职业院校烹饪专业教材。

本套教材主要有以下几个特点：

第一，体系完整，覆盖面广。教材包括烹饪专业基础知识、基本操作技能及典型菜品烹饪技术等多个系列数十个品种，涵盖了中式烹调技法、西式烹调技法及面点制作等各方面知识，并涉及饮食营养卫生、烹饪原料、餐饮企业管理等内容，基本覆盖了目前烹饪专业教学各方面的内容，能够满足职业院校烹饪教学所需。

第二，理实结合，先进实用。教材本着“学以致用”的原则，根据餐饮企业的工作实际安排教材的结构和内容，将理论知识与操作技能有机融合，突出对学生实际操作能力的培养。教材根据餐饮行业的现状和发展趋势，尽可能多地体现新知识、新技术、新方法、新设备，使学生达到企业岗位实际要求。

第三，生动直观，资源丰富。教材多采用四色印刷，使烹饪原料的识别、工艺流程的描述、设备工具的使用更加直观生动，从而营造出更

加直观的认知环境，提高教材的可读性，激发学生的学习兴趣。教材同步开发了配套的电子课件及习题册。电子课件及习题册答案可登录中国技工教育网（jg.class.com.cn），搜索相应的书目，在相关资源中下载。部分教材针对教学重点和难点制作了演示视频、音频等多媒体素材，学生扫描二维码即可在线观看或收听相应内容。

本套教材的编写工作得到了有关学校的大力支持，教材的编审人员做了大量的工作，在此，我们表示诚挚的谢意！同时，恳切希望广大读者对教材提出宝贵的意见和建议。

人力资源社会保障部教材办公室

目　录

绪　论

厨具及设备是饮食活动的重要组成部分，在饮食活动中具有重要的作用，并一直伴随着饮食活动的发展而发展。随着经济的发展和科技的日益进步，厨具及设备不断变化革新，现代化的厨具及设备不断出现，为饮食文化的繁荣提供了保障。

生产和加工现代餐饮产品需要合理的加工工艺以及完善适用的现代厨具及设备。其中，加工工艺是现代厨具及设备的前提，而现代厨具及设备是加工工艺的保证。二者相辅相成，互相促进。

一、现代厨具及设备的构成

现代厨具及设备主要包括烹饪器具和烹饪设备。烹饪器具是指烹饪过程中所使用的手工工具和器皿，如刀具、模具和容器等。烹饪设备是指烹饪过程中所使用的机器和装置。现代厨具及设备按用途不同可分为食品加工器具设备、加热设备、制冷设备等，也可按中西餐分为中式厨具及设备、西餐厨具及设备，如图 0–1 所示。

在实际工作中，烹饪设备较烹饪器具更为复杂，类型更多，应用更广。

二、现代厨具及设备的特点

现代烹饪对厨具及设备提出了一些特殊的要求，例如：耐磨，避免金属微粒落入被加工的制品；耐腐蚀，避免产生化学反应和生成有害物质；结构简单，便于清理和保洁；安全系数高，防止漏电，保护操作者人身安全；小型化、多功能，能够满足工艺多样化的需要；标准化程度高，便于实施标准化操作。

为适应这些要求，现代厨具及设备通常具备以下三个特点：

一是种类多。烹饪工艺的多样化决定了现代厨具及设备的种类较为繁多。

二是造价高。现代厨具及设备对制造材料质量要求较高，因此其造价较高。

三是更新快。现代厨具及设备损耗有时较快，因此其更新速度较快。

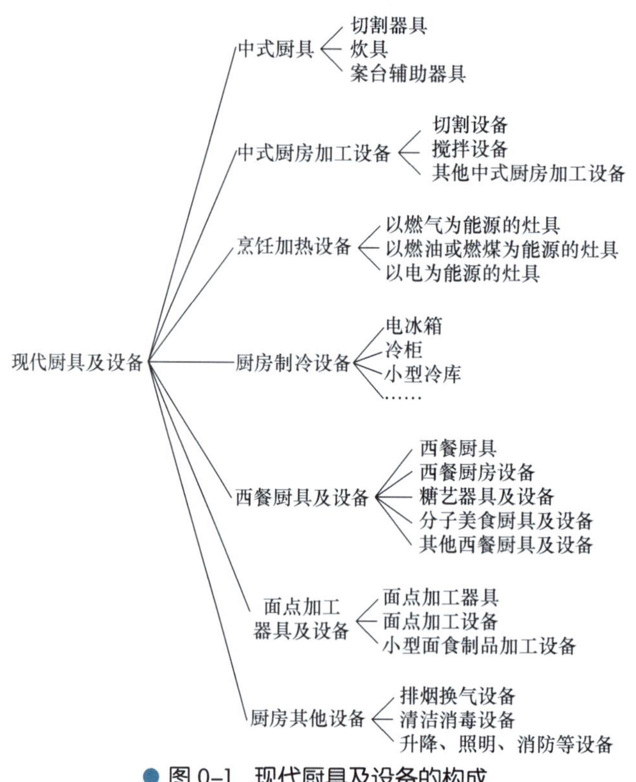

● 图 0–1 现代厨具及设备的构成

三、现代厨具及设备的管理

现代厨具及设备管理就是对各种现代厨具及设备从规划、选购、验收、安装开始，经过使用、维护、保养、修理，直到改造、报废、更新为止的全过程管理活动。

1. 加强现代厨具及设备管理的意义

（1）加强现代厨具及设备管理是餐饮企业获得良好经济效益的基础

现代厨具及设备尤其厨房设备种类多、投资大、功能复杂，不仅直接构成餐饮企业的资产，其运行费用也是餐饮企业经营费用的重要组成部分。加强现代厨具及设备管理，旨在对现代厨具及设备进行科学管理、正确使用、精心维护和定期保养，从而提高现代厨具及设备的性能，使其始终处于良好状态，以最少的投入换取最大的产出，保证餐饮企业获得良好的经济效益。

（2）加强现代厨具及设备管理是提高餐饮企业服务质量的基本保证

餐饮企业服务质量主要是指餐饮产品质量，而现代厨具及设备是餐饮企业运营的物质基础，是确保餐饮产品质量的重要条件。在餐饮企业中，现代厨具及设备直接影响餐饮产品的正常生产。如果忽视现代厨具及设备管理，将会造成厨具及设备加速损坏，无法保证生产的正常进行，从而影响餐饮企业服务质量。

（3）加强现代厨具及设备管理是提高餐饮企业等级的基本前提

在餐饮企业等级评定中，厨房的设备必须达到一定的条件，有很多评定项目都与设备有关。因此，餐饮企业需要加强对现代厨具及设备的管理。

（4）加强现代厨具及设备管理有利于提高餐饮企业的整体管理水平

现代厨具及设备的管理也是餐饮企业管理的重要组成部分，提高现代厨具及设备管理水平有利于提高餐饮企业整体管理水平。

2. 现代厨具及设备的管理措施

一是对厨具及设备进行登记造册，建立台账。

二是对员工加强登记培训，使其严格遵守操作规程，养成良好的操作习惯，防止事故发生。

三是采取切实可行的安全措施。

四是建立健全岗位责任制，建立合理的赔偿制度，加强监督。

五是开展节能教育，防止浪费，注重厨具及设备的养护。

四、掌握现代厨具及设备知识的意义

现代厨具及设备的应用、维护及更新直接影响餐饮企业的服务质量和经济效益。掌握现代厨具及设备知识对餐饮业从业者具有比较重要的意义，具体主要表现在以下三点：

第一，减少浪费，节约成本。

第二，减轻餐饮业工作人员劳动强度。

第三，提高餐饮产品的出品质量，为消费者提供更高质量的服务。

第一章
中 式 厨 具

学习目标

1. 能正确辨别不同类型的中式厨具。
2. 掌握常用中式厨具的使用方法。
3. 掌握常用中式厨具的维护保养要求。

中式厨具在中式厨房日常工作中占有较大的比重，它对减轻员工劳动强度、提高工作效率、丰富菜肴品种、提高烹饪质量等都有着非常重要的作用。

第一节 切割器具

切割器具是指用于烹饪的刀具和切割枕器，狭义上仅指刀工工艺所使用的刀具和砧板等用具。

一、刀具

刀具是指专门用于切割食物的工具。刀具的种类繁多，形状各异，但除了一些有特殊用途的刀具外，大多数刀具的外形是比较近似的。常用刀具见表 1–1。

表 1–1 常用刀具

名称	特点	用途	图示
切刀	切刀是切菜、切肉的工具，刀身比片刀略宽，分量较重，刀刃锋利，结实耐用	一般用于切丝、条、片、丁、块等，也能用于加工略带碎小骨头或质地稍硬的原料，还可用于砸蓉	
片刀	片刀刀身窄而薄，呈长方形，刀刃锋利，刀膛较长，分量较轻，使用灵活方便	一般用于片肉、切丝，如片白肉、切黄瓜丝等	

续表

名称	特点	用途	图示
文武刀	文武刀又称前切后剁刀，刀背较厚（常用于敲砸原料），刀刃薄，前半部最锋利	前部一般用于切脆的原料，后部主要用于剁稍微带点小骨或质地较老的原料。此刀在我国北方应用较广	
砍刀	砍刀又称骨刀、劈刀，刀身厚重，以长方形最常见	主要用于加工带骨的肉类原料，也常用于带骨原料的分档，故又称骨刀	
刮刀	刮刀是原料粗加工的工具，为钢制品，体形较小，刀刃锋利	用于刮洗肉皮和鱼鳞，也用于刮砧板	
剔刀	剔刀刀背平，刀头尖而圆，刀身短而轻，刀把长短适中	常用来剔割肉类原料	
牛角刀	牛角刀刀形似牛角，前尖后稍宽，刀背较薄，刀把长短适中	主要用来剔肉骨，以及宰杀鸡、鸭等	
片鸭刀	片鸭刀形状与片刀基本相似，刀身较轻，比片刀窄而短，刀刃锋利	主要用于片烤鸭的熟料	
切涮羊肉片刀	切涮羊肉片刀简称羊肉刀，刀身长约 50 厘米，刀头宽约 5 厘米，向中部逐渐加宽，最宽处约 10 厘米，刀背为长弓形，刀刃长而锋利，体轻而薄	主要用于切制涮羊肉片	
镊子刀	镊子刀刀背平，下有方形刀刃，刀柄为两个分离的金属片，尾部弯曲，口齿似镊	前部可用于铲刮肉类表皮脏污，刀柄部分可拔牛、羊、猪皮上的细毛	
雕刻刀	雕刻刀主要用于雕刻果蔬，种类较多，形状不一，但一般分圆口刀和斜口刀两大类	用于雕刻水果和蔬菜	

刀具要经常磨，以保持锋利。

每次使用后必须擦洗干净，挂在刀架上以免生锈，且刀刃不可碰到硬物。

二、砧板

1. 砧板的功能及分类

砧板（见图 1-1）是最常见的切割枕器，是用刀对烹饪原料进行加工时使用的垫托工具，包括砧墩和案板。

● 图 1-1　砧板

砧板的种类繁多，按材质不同主要分为天然木质砧板、塑料砧板、天然木质和塑料复合型砧板三类，其中天然木质砧板应用较广。制作木质砧板通常选用木质坚实、弹性较好的木材，以银杏木、皂荚木和橄榄木为最好，常用的有松木和柳木。

此外，加工压制的木菜板、竹菜板等在厨房中也被广泛使用。国外还有一种用天然橡胶制成的无声砧板，不仅切剁时无声，且不易因刀刃滑动而伤到手指，切完后还可把砧板对折存放，安全且实用。

在厨房管理中，常以颜色区别砧板的用途（如生熟食品用不同颜色的砧板），以防食品交叉污染，使烹饪加工过程保持卫生。

2. 砧板的使用及维护保养要求

新买的砧板在使用前必须用盐水浸泡三天，再用沸水加消毒液擦拭并冲洗干净。这样既可杀菌，又可使砧板木质紧缩致密，结实耐用。

使用时应保持砧板表面平整，且保证食品的清洁卫生。要防止砧板滑动，保证操作安全。

使用完毕后要及时刮洗擦净，待晾干后用清洁的布罩好。

砧板的选择

1. 优质木砧板表面呈淡青色，颜色一致，树皮完整，树心不烂，不结疤，木材质地坚实致密。

2. 优质塑料砧板颜色均匀，无刺鼻或异常气味，摸起来手上不会附有粉末。

第二节 炊具

炊具包括加热盛器和烹饪辅助器具等，它在厨房中是不可或缺的一类器具。

一、加热盛器

加热盛器主要指锅，锅主要用于烹制食物。锅种类繁多，按质地不同可分为铁锅、铜锅、铝合金锅、不锈钢锅、砂锅、搪瓷锅等，按用途不同可分为炒锅、蒸锅、卤锅、汤锅、饭锅、烙饼锅、煎锅、笼锅、火锅、压力锅等。常见的锅有以下几种：

1. 铁锅

铁锅是烹制菜肴最常用的锅，我国南方又叫镬子，有生铁锅和熟铁锅之分，也有单柄和双耳之别。图 1–2 所示是餐饮企业目前广泛使用的铁锅。

a)　　b)

● 图 1–2　铁锅

a）单柄熟铁锅　b）双耳熟铁锅

新锅使用前要先用专用磨石蘸水轻磨其内面，使之平整光滑。

使用时不可用锅铲乱敲、乱铲。

使用完毕后必须洗净擦干，置于干燥通风处。

2. 压力锅

压力锅（见图 1-3）又称高压锅，一般分为电压力锅和使用燃气等能源的传统压力锅，其优点是省时、节能、环保。

a)　　b)

● 图 1-3　压力锅

a）传统压力锅　b）电压力锅

使用时，排气孔须保持通畅，锅内的食物体积不得超过压力锅容量的 4/5，锅盖合严后方可开始加热。

食物烹制好后，应先放汽降压降温再开盖。

3. 不锈钢蒸锅

不锈钢蒸锅（见图 1-4）用不锈钢加工而成，有单层和双层之分。

使用时应将锅盖盖严，并避免干烧。

4. 砂锅

砂锅（见图 1-5）属于陶制品，是我国特有的一种餐饮器具，常用于炖、焖、煨制菜肴。砂锅按规格不同可分为大、中、小三种类型，见表 1-2。

● 图 1-4　不锈钢蒸锅

● 图 1-5　砂锅

表 1–2　砂锅的类型

规格	特点
大型砂锅	外口径大于 300 毫米，容量大于 4 000 毫升
中型砂锅	外口径为 200 ~ 300 毫米，容量为 1 000 ~ 4 000 毫升
小型砂锅	外口径小于 200 毫米，容量小于 1 000 毫升

砂锅的特点是保温性好，适于用小火长时间加热，还可以把食物装在砂锅中摆上桌面，这样食物不易变凉。

砂锅忌忽热忽冷，因此，将砂锅从火上端下来后不要放在潮湿、冰冷的物体表面上，宜放在不易引燃的材料上。

5. 煲仔锅

煲仔锅（见图 1–6）与砂锅的性质相似，常用来煲汤或作为盛器。它质地细腻，结实耐热，不易破碎。煲仔锅的使用要求与砂锅相同。

6. 汽锅

汽锅（见图 1–7）是用紫砂泥等制坯后烧制而成，是云南的特色餐饮器具。汽锅锅口大、腹厚，锅中心有上细下粗的汽管，形似倒扣的小喇叭。

汽锅适用于蒸制菜肴，使用时须盖严锅盖，注意不要与硬物磕碰。

● 图 1–6　煲仔锅

● 图 1–7　汽锅

7. 平底锅

平底锅（见图 1–8）适用于煎、摊、烙制菜肴或面点，是厨房常用的一种锅。

8. 火锅

火锅多用于涮制食品，集食品加热、烹制、盛装于一身，又称涮煮锅、涮锅。

图 1-8 平底锅

火锅种类较多，可按形态、材质、热源等进行分类，如带烟筒锅、不带烟筒锅、景泰蓝火锅、炭火锅、鸳鸯火锅、多格火锅等，如图 1-9 所示。

需要注意的是，使用各类火锅时，应先放入水或汤，再点火。使用中应随时添加开水或汤，绝不可干锅，以免锅体开裂。

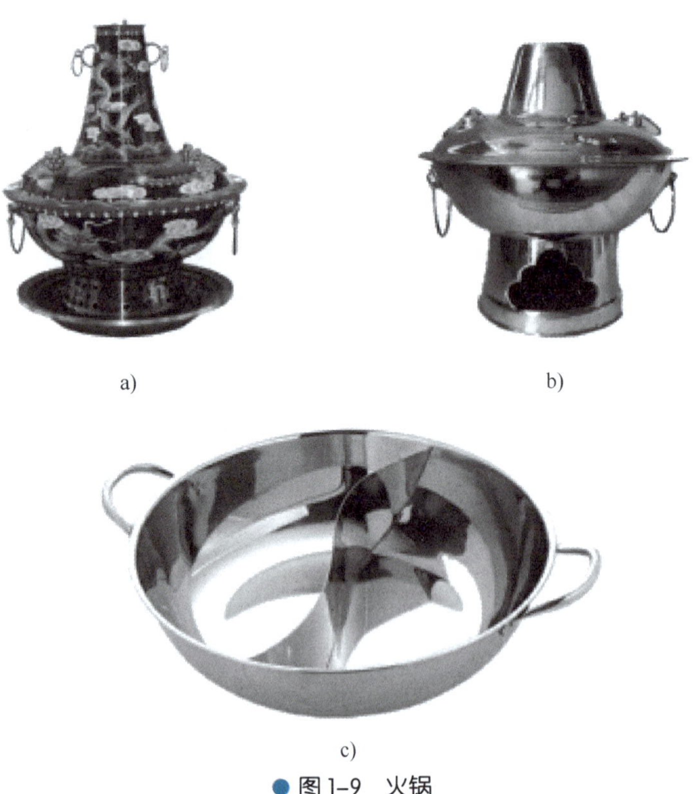

a)　b)　c)

图 1-9 火锅

a）景泰蓝火锅　b）炭火锅　c）鸳鸯火锅

二、烹饪辅助器具

厨房常见烹饪辅助器具见表 1–3。

表 1–3　　厨房常见烹饪辅助器具

名称	特点	用途	图示
炒勺	炒勺是铁制圆形勺子，直径 9 ~ 12 厘米，有一个铁柄，顶部装有木柄，可盛汤 300 ~ 350 克，有的勺柄带测温计	炒菜时用于搅拌原料、添加调味料及盛菜肴出锅，用后须洗擦干净，以免生锈	
铁铲	铁铲近似方形，宽约 8 厘米，材质为熟铁或不锈钢，有铁柄，顶部装有木柄	用于易散菜肴的装盘	
锅盖	锅盖大多用金属材料制成，大小根据锅的尺寸而定	烧菜时盖上，使菜不走味，缩短烧菜时间	
漏瓢	漏瓢一般用熟铁制成，底部有若干小孔，柄长 10 厘米左右，顶部装有木柄	主要用于煮制、炸制时从锅中取料，也可用于漏油、漏水	
漏勺	漏勺形状与炒勺相似，有铁制和不锈钢制两种。漏勺底部也有许多小孔，整体比漏瓢小	主要用于煮制、炸制时从锅中取料	
笊篱	笊篱用铁丝、篾丝等编制	铁丝笊篱多用于在汤里取料，而篾丝笊篱一般用于捞面条等	
网筛	网筛是用细铜丝或不锈钢丝制成的圆形带柄筛子，有粗细之分	用于过滤汤汁或液体调味品	

续表

名称	特点	用途	图示
铁叉（钩）	铁叉一头是铁柄，一头是两只带钩的叉头	用于在汤中捞取整只原料，有时也用于端双耳式铁锅	
笼屉	笼屉是蒸制菜肴的工具，一般圆形的称笼，方形的称屉，可以多层叠放在一起	使用时将笼屉置于沸水锅或蒸汽口上，顶层盖圆锥形的笼盖，用热气加热制熟原料。圆锥形笼盖可使蒸汽凝水从四周流下，以免滴在菜肴上而破坏其口味和造型	
蛋抽	蛋抽是将一组不锈钢丝弯成椭圆形，固定在一处，形成槌状，再连接一个手柄而成	用于手工打蛋	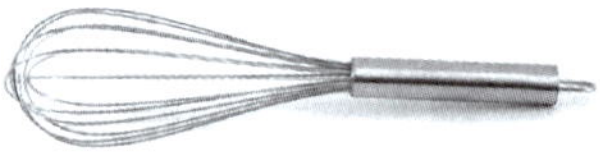
调味缸	调味缸规格多样，多用陶瓷、搪瓷或不锈钢制成，有方形和桶形两种	主要用来盛装调味料	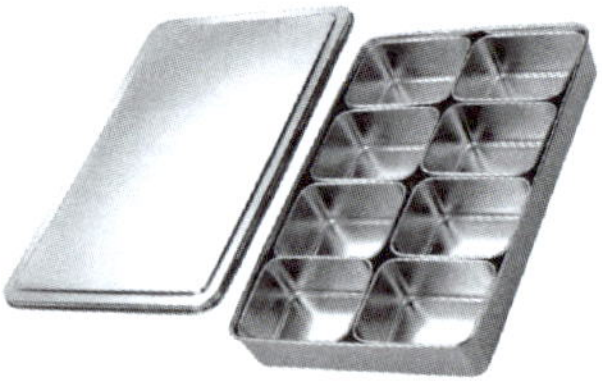
油盆	油盆又称油觳，用不锈钢制成，呈鼓形或喇叭形	主要用于装油或汤	

厨房中还有其他一些烹饪辅助器具，如遮盖食物的食罩、临时放锅的锅架、夹取食物的食夹、测量油温的油温表、铁筷子、磨刀石、蒜臼、抹布、擂钵、剪刀、木签、刷子、衡器等。

第三节　案台辅助器具

案台辅助器具种类繁多，使用省时省力，可提高烹饪工作质量和效率。

一、成形器具

成形器具包括案台器具和砧板辅助器具。成形器具应存放在固定处，并用专用箱子或盒子保存。所有器具用后应擦洗干净。

1. 几何形刀

几何形刀主要用于制作几何形状的物件，多用于装饰、点缀等。其刀身一般高 8 ~ 15 厘米，厚 0.1 厘米以下，刀刃大小视需要而定。几何形刀有圆筒形刀、三角形刀、菱形刀、方形刀和椭圆形刀等几种。

另外，几何形刀还用于制作糊菜的模型，如用于制作“一品豆腐”的模型。

2. 文字模型刀

文字模型刀主要用于制作文字和字母，如汉字“福”“禄”“寿”“喜”及英语字母等。

3. 动植物模型刀

动植物模型刀（见图 1–10）主要用于制作动植物造型。其刀身一般高 1 ~ 3 厘米，厚 0.3 厘米以下。

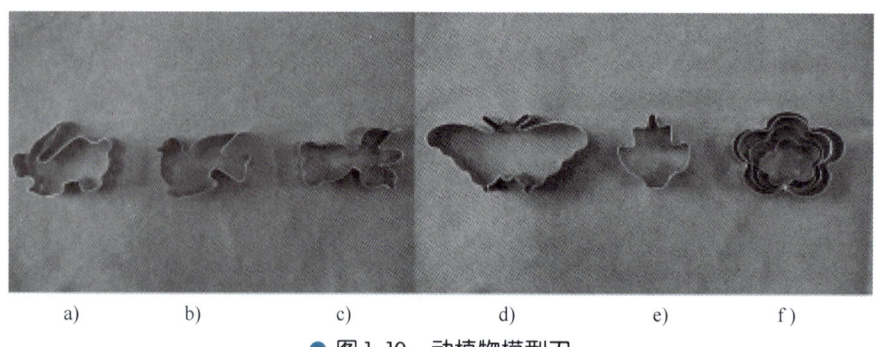

图 1-10 动植物模型刀

a）兔子模型刀 b）鸽子模型刀 c）金鱼模型刀 d）蝴蝶模型刀 e）树叶模型刀 f）花模型刀

二、盛装器具

1. 平盘

平盘（见图 1-11）盘底为圆形平面，盘边有平圆边和荷叶边两种，直径规格为 12.7 ~ 81.28 厘米。

平盘主要用于盛装不带汤汁的菜肴、点心，也可用作骨碟、围碟、搁碟、拼盘、垫盘等。

2. 汤盘

汤盘（见图 1-12）也叫窝盘，边高而盘深，盘边有平圆边和荷叶边两种，直径规格为 12.7 ~ 31.2 厘米。

汤盘主要用于盛装汤汁、卤汁，以及芡汁较多的烧、烩、焖菜，在西餐中用于盛装汤、麦片粥、通心粉等。

图 1-11 平盘　　图 1-12 汤盘

3. 鱼盘

鱼盘（见图 1-13）也称腰盘，直径规格为 15.24 ~ 80.32 厘米。鱼盘主要用于盛鱼，大的鱼盘多用于盛鸡、鸭、鱼、排、翅及宴席冷盘。

4. 品锅

品锅（见图 1-14）形状类似于汤盆，但品锅盘大，有盖，质地厚实，保温性好，是一种冬季严寒时盛装汤菜的理想餐具。品锅按锅口直径不同一般分为 25 厘米、23 厘米、21 厘米、19 厘米四种规格。

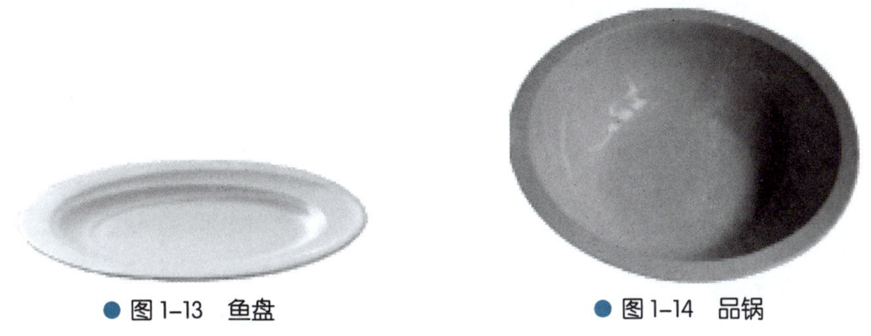

● 图 1-13 鱼盘　　● 图 1-14 品锅

5. 碗

碗（见图 1-15）按形状不同可分为品碗（碗口直径约 25 厘米）、顶碗（碗口直径约 23 厘米）、二大碗（碗口直径约 20 厘米）、三大碗（碗口直径约 18 厘米）、汤碗（碗口直径约 14 厘米）、加大碗（碗口直径约 11 厘米）、饭碗（碗口直径约 9 厘米）、小饭碗（碗口直径约 7 厘米）、干碗（碗口直径约 5 厘米）等数种。

6. 汤勺

汤勺（见图 1-16）又名调羹、汤匙、针匙等。汤勺按大小不同可分为加大汤勺（全长约 14 厘米）、加二汤勺（全长约 13 厘米）、三号汤勺（全长约 12 厘米）、四号汤勺（全长约 10 厘米）、五号汤勺（全长约 8 厘米），以及酒席宴会中分汤用的公勺（全长约 22 厘米）。

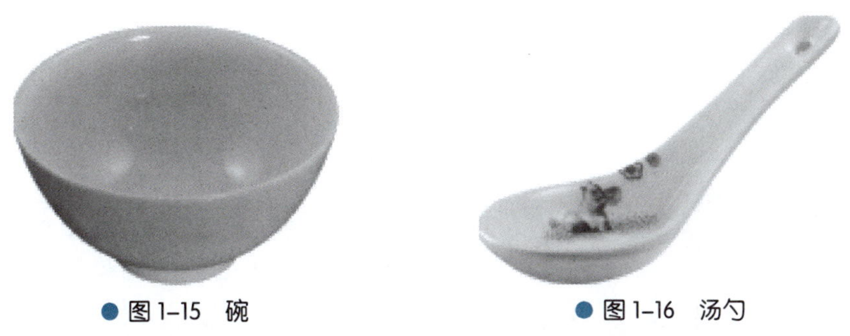

● 图 1-15 碗　　● 图 1-16 汤勺

陶瓷器皿的使用、维护及选用注意事项

1. 陶瓷器皿使用注意事项

（1）使用陶瓷器皿前应检查其是否破损。

（2）使用陶瓷器皿时应轻拿轻放。

2. 陶瓷器皿维护注意事项

（1）用餐后应及时清洗陶瓷器皿，不得残留油污和食物印迹等。

（2）陶瓷器皿平时应分类存放，便于管理。

3. 陶瓷器皿选用注意事项

（1）陶瓷器皿均要有完整的釉层，以保证其使用寿命。

（2）陶瓷器皿上的图案应烧在釉层之下，这样可以延长器皿的使用寿命，避免图案绘料中的重金属对人体造成伤害。

思考与练习

1. 烹饪常用的刀具有哪几种？它们各有什么用途？
2. 砧板的使用及维护保养要求是什么？
3. 烹饪常用的锅有哪几种？
4. 铁锅的使用及维护保养要求是什么？
5. 厨房常见烹饪辅助器具有哪些？

第二章
中式厨房加工设备

学习目标

1. 掌握常用中式厨房加工设备的功能及特点。
2. 掌握常用中式厨房加工设备的使用方法和维护保养要求。

在现代厨房设备中，食品加工设备占有重要地位。食品加工设备在烹饪行业中的广泛应用大大减轻了厨师的劳动强度，把厨师从手工操作的繁重劳动中解脱出来，使其工作效率成倍提高。

第一节　切割设备

切割设备种类多、投资大，因此，要正确使用切割设备，并加强维护和保养。

一、刨片机

1. 刨片机的功能及特点

刨片机（见图 2–1）是将原料加工成不同厚度片形的设备，我国目前使用的刨片机以进口产品居多。刨片机使用范围较广，是对肉类、蔬菜、果薯进行加工刨片的理想设备，猪、牛、羊肉去骨冻硬后亦可刨片（如羊肉片、牛肉片）。刨片机的优点是厚薄可调、大小均匀、省工省力。

图 2–1　刨片机

2. 刨片机的使用方法

首先，按要求接通电源；然后，打开开关，调节加工厚度；最后，固定原料，进行刨切。

3. 刨片机的维护保养要求

设备连续工作时间不宜过长。使用完毕后应拔下电源插头，将设备清理干净。

每周均应给设备加注润滑油，并根据具体情况定期修磨刀刃。

肉类原料应选择无骨、少筋或无筋的，以防损伤刀片。

二、锯骨机

1. 锯骨机的功能及构造

锯骨机（见图 2-2）是使齿形钢锯在一定压力作用下以中低速运动，从而将原料逐层断开破碎的设备，主要由电动机、钢锯、调节滑轮、不锈钢架、操作面板等构成，常用于切割带骨的动物性原料或冰冻原料，如火腿、大排、子排、脚爪、冰冻牛肉、冰冻猪肉等原料。

2. 锯骨机的使用方法

首先，启动设备，进行试运转，观察锯带是否向下运行。

然后，将原料置于锯骨机工作台面的锯齿前端，再根据烹调成形要求，调节厚度调节板，确定加工厚度。

最后，打开锯骨机开关，用移动工作台或推肉杆推送原料，使锯条缓缓锯进原料。

锯整头牲畜时应使用移动工作台进行操作。锯小块肉、排骨可选择使用推肉杆和厚度调节板进行操作，工作台可使用台面下的插销进行固定。

3. 锯骨机的使用及维护保养要求

设备启动后如果锯带不运动，应检查防护罩是否压紧，锯带是否打滑，线路是否接触不良，并有针对性地进行检修。

应使用移动工作台或推肉杆推送原料，严禁用手或其他物品推送原料。

使用移动工作台进行操作时，必须拆下机头上的推肉杆，以免影响设备运转或引起不必要的碰撞，造成人员伤害。

使用完毕后要用温水清洗锯条和台面，除尽骨屑和碎肉。清洁保养设备时，严禁将水滴入电动机内。

应定期给设备的轴、轮上润滑油，经常检查锯条和连接点的磨损、松动情况。

三、削皮机

1. 削皮机的功能及特点

削皮机（见图 2–3）是用高速旋转的砂盘打磨原料表面使原料脱皮的设备，其外形如圆桶，上部有一圆形下料口和一根进水管，内有波浪形砂盘，原料去皮后通过中部的方形出料口输出。削皮机可用来加工红薯、土豆、生姜、芋头等，优点是工效高、浪费少。

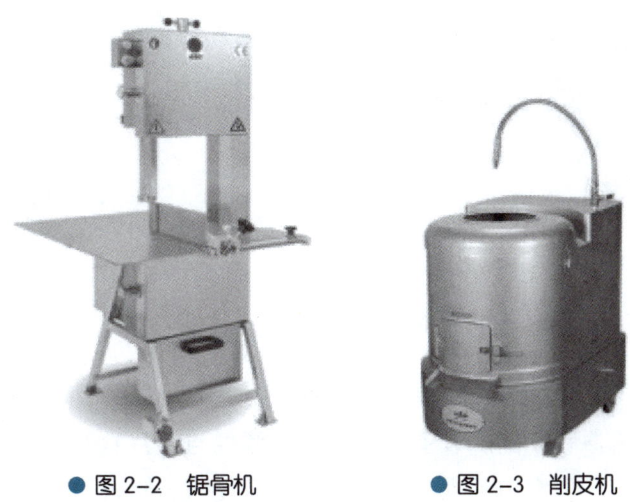

● 图 2–2　锯骨机　　● 图 2–3　削皮机

2. 削皮机的使用及维护保养要求

使用时一次投料不可过多。要将水管打开，边喷水边打磨，及时冲洗便于去皮。使用时如果发现异常响声要立即关机。

每次使用完毕后，都应把设备内部冲洗干净。

应经常检查传动带的松紧情况和砂盘的磨损情况。

四、切菜机

1. 切菜机的功能

切菜机（见图 2–4）主要用于加工根茎类蔬菜，可以切片、丝、条、块等形状。

● 图 2-4　切菜机

2. 切菜机的使用及维护保养要求

使用前必须详细阅读说明书。使用时投料要适量，不可一次投料过多。

在设备运转过程中，严禁打开盖子，以防止意外伤害，保证操作者的人身安全。

使用完毕后要及时将设备各部件分别清洗干净并擦干。清洗时不可把底座浸入水中，以免漏电。

五、切肉机

1. 切肉机的功能及特点

切肉机（见图 2-5）的工作原理是利用两组转向不同的刀片相互作用，把原料切断。设备切出的肉片厚度与刀片数量有关，肉片越薄，所需刀片数量越多。肉片厚度与刀片选用见表 2-1。

● 图 2-5　切肉机

表 2-1　　肉片厚度与刀片选用

肉片厚度 / 毫米	2.3	3	4.5	6	8
刀片数量 / 组	24	20	14	11	9

2. 切肉机的使用及维护保养要求

切肉机要由专人专管。操作人员要衣帽整齐，衣袖不得过长；操作时精神要集中，不可麻痹大意。操作人员必须熟悉切肉机的性能、规格及各部件的作用，确保操作安全。

要加工的肉应先去皮、去骨，并且没有大的筋，以防切肉机卡死。投放的肉块不可过大。

使用前应对切肉机做全面检查，包括检查各传动部件是否灵活有效，各润滑位置是否加注润滑油，各安全防护装置是否可靠，刀片的旋向是否正确，刀片是否完好、有无松动，切肉机是否清洁干净等。

打开开关时手上不可有水。应先空载试机，观察有无异常。空载试机时间不可过长，防止损坏刀片。禁止戴手套操作。

不可一次投料过多，以免电动机损坏。如果发现设备工作不正常（如切肉机卡死），应立即关闭电源，停机后检查原因，不得强行运转。

操作完毕后应关闭电源，将设备清理干净，确保清洁卫生。清洗切肉机时，严禁用水冲洗电气部分，以免发生触电事故或烧坏电动机。

应经常检查刀片，使用一段时间后应及时磨刀。

第二节　搅拌设备

随着科技的进步，搅拌设备的品种不断增加，功能不断增多，能更多地代替人工，提高了烹饪工作效率。

一、多功能搅拌机

1. 多功能搅拌机的功能及构造

多功能搅拌机（见图 2–6）集和面、拌馅、打蛋等功能于一身，一般为立式，由机架、电动机、传动装置、变速装置、搅拌桨和料桶等几部分组成，是现代厨房中不可缺少的设备。

2. 搅拌桨的选用

多功能搅拌机大多为 2 ~ 4 级变速，配有三种不同形状的搅拌桨，如图 2–7 所示。使用时应根据原料的不同加以选用。

拌和奶油或打蛋时，应选用花蕾形搅拌桨。这种搅拌桨用很多粗细均匀的不锈钢丝制成，在旋转时可增加液体原料的摩擦机会，利于空气的混入。

拌和馅料、膏糊状原料时，应选用扇形搅拌桨。这种搅拌桨一般是整体锻铸而成，强度较高，作用面积较大，适宜于在中速运转下搅拌黄油、肉馅、鱼馅等高黏度糊状原料。

● 图 2-6　多功能搅拌机

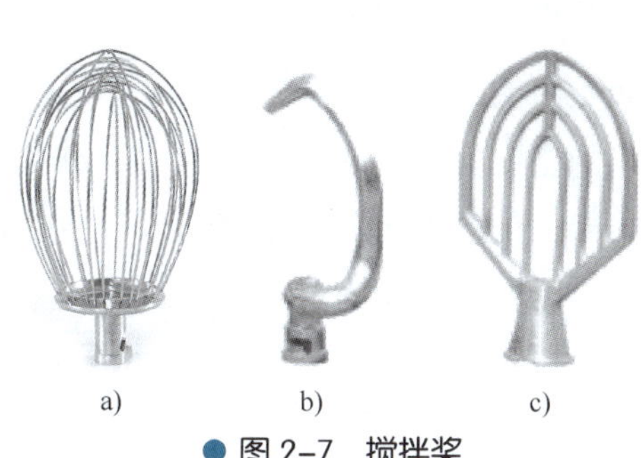

● 图 2-7　搅拌桨

a）花蕾形搅拌桨　b）钩形搅拌桨　c）扇形搅拌桨

拌和面团应选用钩形搅拌桨。这种搅拌桨适宜于在低速运转下搅拌面团、糖浆等高黏度原料。

3. 多功能搅拌机的使用及维护保养要求

每次使用前须检查电源线、开关及接地线是否处于良好状态。接通电源时，电源电压必须符合设备技术参数的规定，以免损坏电动机，影响正常工作。

使用前应盖好防护罩，并调整好搅拌桶的位置及设备转速。开机试运转时应先选低速挡。搅拌中如要变速，一般情况下必须先停机。应看清搅拌桨运行方向是否与箭头所示一致，若不符合应予换向。

使用时应避免将硬质原料直接投入设备中搅拌。

4. 多功能搅拌机常见故障原因及排除方法

多功能搅拌机常见故障原因及排除方法见表 2-2。

表 2-2　多功能搅拌机常见故障原因及排除方法

故障表现	产生原因	排除方法
开机后搅拌轴不转动	（1）电器线路接触不良 （2）传动带损坏	（1）检查电器线路 （2）更换损坏的传动带
搅拌桨脱落	转向相反	调正转向
升降手柄滞涩	导轨锈蚀	清洁导轨，涂上润滑脂

二、绞肉机

1. 绞肉机的功能及构造

绞肉机（见图 2–8）又称碎肉机，是厨房处理肉类原料时使用最多的一种搅拌设备。绞肉机的主要功能是将整块的原料绞成细粒或肉糜的馅料，它有手动和电动两种。绞肉机由机架、传动装置、绞轴、绞刀和孔网栅等组成。

2. 绞肉机的使用方法

首先，取下并清洗绞肉机绞肉部分的零件，再安装好，摆放平稳。

然后，接通电源，启动电动机，将去皮、骨、筋并分割成小块的肉料投入料斗。

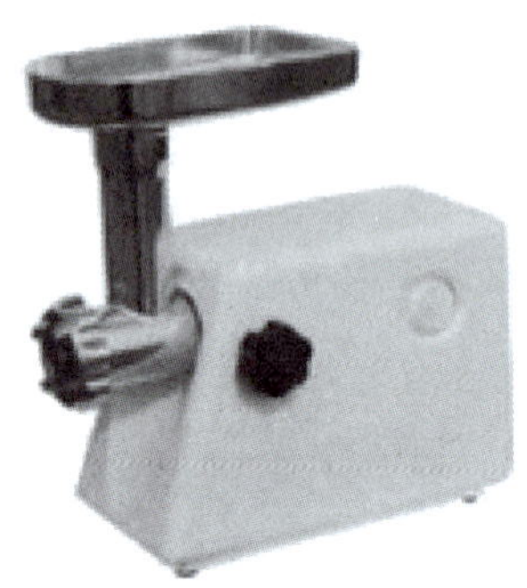

● 图 2–8　绞肉机

3. 绞肉机的使用及维护保养要求

塞压原料时要用专用工具，严禁用手塞压。

使用过程中如发现设备转动缓慢，应停机检查。

使用完毕后应及时清洗。清洗设备时，电动机严禁沾水。

应定期检查设备各部件。

三、磨浆机

1. 磨浆机的功能、构造及特点

磨浆机（见图 2–9）又称湿粉碎机，由动磨盘、静磨盘、进料斗、出料斗、机体、调整装置和尼龙网筛等构成，主要用于将豆类、米、面、花生、芝麻、杏仁等原料湿磨成浆。磨浆机具有体积小、重量轻、噪声小、浆料升温低、操作方便、易维护等特点。

● 图 2–9　磨浆机

2. 磨浆机的使用及维护保养要求

原料磨浆前要用清水泡透，原料中禁止掺杂沙粒和铁屑等硬物。

必须经试运转后才能正常使用，使用时应接地线。

使用时应先开大水量，再启动电动机，待有水从出口流出时再放料。磨浆机的磨盘不可调得过紧。

使用完毕后应及时清洗设备，并保持内部通风，使设备内部尽快干燥，避免细菌滋生。

应经常给设备加润滑油，以防生锈。每年应更换一次主轴承内的润滑脂。

3. 磨浆机常见故障原因及排除方法

磨浆机常见故障原因及排除方法见表 2–3。

表 2–3　　磨浆机常见故障原因及排除方法

故障表现	产生原因	排除方法
浆料温升偏高	（1）料与水比例不当 （2）磨盘过紧	（1）适当加水 （2）调好磨盘
烧浆	（1）水量过少 （2）操作不正确	（1）先放水，再开机 （2）清洗磨盘重新启动
浆料过粗	（1）前箱盖与箱体间有污物 （2）磨盘安装不正确 （3）设备部件磨损严重	（1）清洁并关紧前箱盖 （2）正确安装磨盘 （3）修理或更换受损部件
出浆速度明显放慢	（1）V 带过松 （2）电压不正常 （3）磨盘损坏	（1）调整 V 带位置 （2）检查电源 （3）修理或更换磨盘

四、搅拌碾磨机

1. 搅拌碾磨机的功能及特点

搅拌碾磨机（见图 2–10）常用于搅拌和碾磨酱汁、花椒末、辣椒面、胡椒粉、花生酱、芝麻酱等量少食品和调料。它外形小巧，使用较为方便。

图 2–10　搅拌碾磨机

2. 搅拌碾磨机的使用及维护保养要求

搅拌碾磨的原料要先切成小块。严禁一次加工量过大，严禁空转。

使用时要先盖好上盖，再启动电动机，每次连续搅拌时间以不超过 1 分钟为宜。

清理杯具和取放原料时应停机并关闭电源，严禁用水冲洗电动机。

五、拌馅机

1. 拌馅机的功能及特点

拌馅机（见图 2-11）用于混料。它效率高，操作方便，是制作风干肠类食品、粒状及泥状混合肠类食品、丸类食品的首选设备，同时也是生产水饺、馄饨类面食产品的重要设备。

拌馅机采用平行双轴结构和斜板式桨叶，能够使原料混合达到最佳效果，适合各种工艺要求。同时，它采用倾斜式出料方式，安全可靠。

图 2-11 拌馅机

2. 拌馅机的使用方法

首先，将设备安放在工作位置，用锁紧器将万向轮固定，使设备工作平稳。

然后，检查电源、电压是否与本机使用要求相符，使外罩接地标记处安全接地。

接着，接通电源，按下设备的正转与反转按钮，观察设备运转是否正常，无异常声音时方可使用。

最后，将原料投入设备，进行搅拌。

3. 拌馅机的使用及维护保养要求

使用前应检查料斗内有无其他异物，料斗翻转是否灵活，料斗定位器是否固定可靠。

设备运转时，严禁将手或其他异物放入料斗内，以免发生危险。严禁用设备搅拌面团等黏度过高的原料，以免损坏设备。

应不定期从加油点加注适量钙基润滑脂。

第三节 其他中式厨房加工设备

除了切割设备和搅拌设备外，常见中式厨房加工设备还包括洗菜机、脱毛机、鱼鳞清理机和脱水机等。

一、洗菜机

1. 洗菜机的功能及特点

洗菜机（见图 2-12）也叫蔬菜清洗机，主要用于清洗和筛选根茎为块状的蔬菜。茎叶类蔬菜及水果的清洗目前很少使用专用设备。

洗菜机操作方便，省时省力，能耗少，效率高，且具备消毒功能，因此应用较为广泛。

2. 洗菜机的使用方法及要求

先打开喷淋水管，再将原料从装料口投入工作室内。原料在水的喷淋和互相碰撞摩擦作用下逐渐被清洗干净。

使用完毕后应清洗干净设备内部，注意不可冲洗电动机。

图 2-12 洗菜机

二、脱毛机

1. 脱毛机的功能及构造

● 图 2–13　脱毛机

脱毛机（见图 2–13）又称自动脱毛机，能自动脱去宰杀后的禽类的羽毛，是禽类初加工时常用的一种设备。它的主体是一个大的脱毛筒，在筒的内壁上分布着许多橡胶棒，中间是可以转动的轴，桶的底部是电动机。

2. 脱毛机的使用方法及维护保养要求

先放入原料，然后打开水管，再开启电动机，设备即可脱毛。脱掉的毛会在水的作用下从废物口流出。

设备运转时，严禁将手伸入设备内拿取原料。

使用完毕后要及时冲洗设备，但要保持电动机干燥，严禁冲洗电动机。

应定期检查设备零部件，及时更换磨损或断裂的橡胶棒。

三、鱼鳞清理机

鱼鳞清理机（见图 2–14）用于刮鱼鳞和清理鱼鳞，是一种小型半自动厨房加工设备。

使用时应把设备紧固在工作台案上，并把要加工的鱼夹在台案上进行加工。也可一只手持鱼，另一只手持设备所带软轴上的手柄，用手柄前端的铣刀齿刮削鱼鳞。

使用时要注意铣刀的旋转方向，鱼鳃也可用铣刀头清理。

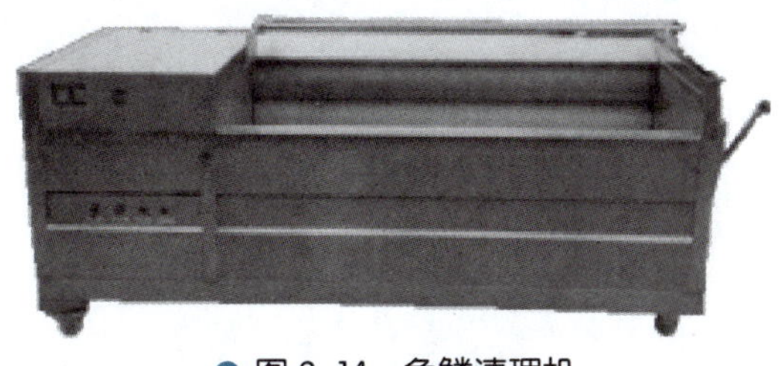
● 图 2–14　鱼鳞清理机

四、脱水机

脱水机（见图 2–15）的功能类似于洗衣机的甩干设备，通过高速旋转形成的惯

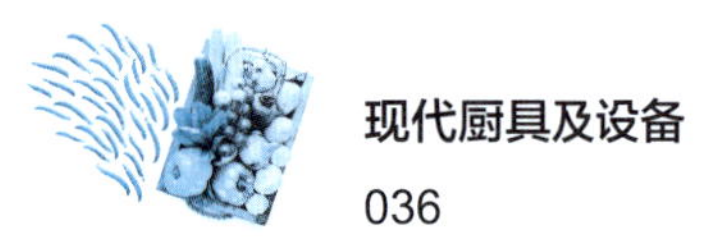

性力使原料脱水，是常用的一种厨房设备。

● 图 2-15　脱水机

思考与练习

1. 刨片机的使用方法及维护保养要求是什么？
2. 锯骨机的使用及维护保养要求是什么？
3. 削皮机的使用及维护保养要求是什么？
4. 切肉机的使用及维护保养要求是什么？
5. 简述多功能搅拌机常见故障原因及排除方法。
6. 磨浆机的使用及维护保养要求是什么？

第三章 烹饪加热设备

学习目标

1. 掌握常用灶具的使用方法。
2. 掌握常用灶具的使用及维护保养要求。

烹饪加热设备也称灶具，也是厨房中的主要设备。灶具所使用的能源主要有燃气、燃油、燃煤及电。

随着社会的发展，灶具也在不断地改进。目前，餐饮企业使用的灶具多为先进的鼓风燃气炉、燃油汽化炉、油气两用炉，以及电热炉具、太阳能灶等。

第一节　以燃气为能源的灶具

以燃气为能源的灶具主要为鼓风燃气炉，它是目前餐饮企业主要的烹饪加热设备。它主要以人工煤气、天然气或液化石油气为燃料，外加鼓风设备，使炉火更旺。目前以使用天然气的居多。

一、燃气炒炉

1. 燃气炒炉的功能、特点及构造

燃气炒炉火焰大，温度高，功能全面，操作方便，适合使用煎、炒、烹、炸、爆、熘、烧等烹调方法。

一般中式燃气炒炉（见图 3–1）的炉面及外壳全是用不锈钢板制成的，炉胆用特级耐火砖隔热，配有强力鼓风炉头及独立开关，炉面配备调料板、热水池、供水龙头及排水道。

2. 燃气炒炉的使用方法

首先，确认各燃气阀门是否处于关闭状态。

然后，打开总气阀，检查有无漏气情况。若发现漏气，立即关闭总气阀。

图 3–1　中式燃气炒炉

确认无漏气后，点燃炉火并观察火焰颜色。调节火力时，应一边观察火焰，一边调节炒炉的开关旋钮。

使用完毕后应先关闭各分气阀，最后关总气阀，并对炒炉进行清理。

3. 燃气炒炉的维护保养要求

每日应清洗灶具表面油垢，疏通灶面排水道。

每周应用铁刷刷净炒炉上的杂物，保持火眼畅通。

应经常检查管道接头处和开关，防止漏气。检测是否漏气时禁止用明火测试，应用肥皂水或检测仪器测试。

二、可倾式燃气炒炉

1. 可倾式燃气炒炉的特点及构造

可倾式燃气炒炉（见图 3-2）燃烧充分、无烟无尘、积炭量少，其所带的锅体可以倾斜翻转，便于食品的投入、取出及搅拌，操作方便。它以液化石油气、天然气等为燃料，严禁使用油作为燃料。

可倾式燃气炒炉节能环保，火大火猛，热效率较一般燃气炒炉高。而且，它的火焰温度可随意调节，温度最高可达 300 ℃。

图 3-2　可倾式燃气炒炉

可倾式燃气炒炉主要由锅体、机架、燃烧器、翻盖装置、锅体倾倒装置、耐热保温装置等组成。

2. 可倾式燃气炒炉的使用方法

首先，取下加热器，放上燃气发火盖。

然后，打开减压阀及进气接口。

最后，逆时针打开气阀，用明火点燃燃气，配有火种的炒炉应先点燃火种。同时，调节风门与气阀，直至火焰大小符合需求。

3. 可倾式燃气炒炉的使用及维护保养要求

炒锅倾斜时，应先关气，然后再关闭调节开关。

使用完毕后必须关闭所有气阀。

应定期检查各接头处的密封性。应定期检查炉头，炉头气孔不得被污物堵塞。

三、燃气汤炉

1. 燃气汤炉的功能、特点及构造

燃气汤炉又叫矮汤炉，专门用于熬汤，有单头汤炉、双头汤炉（见图 3–3）和四头汤炉之分。

燃气汤炉的构造、材料与燃气炒炉类似，但燃气汤炉的搁板为平板，呈正方形，以便于放置汤桶或汤锅。由于汤桶或汤锅比较高，为方便操作，燃气汤炉比其他灶具都要矮一些。

● 图 3–3 双头汤炉

2. 燃气汤炉的使用及维护保养要求

使用时汤桶不要盛装过满，防止汤汁溢出。应根据需要调节火力大小。

燃气汤炉下面的集污托盘使用后每天都要清洗。

燃气汤炉与中式燃气炒炉结构相似，可按中式燃气炒炉的维护保养方法进行保养。

四、煲仔炉

1. 煲仔炉的功能和分类

煲仔炉又称燃气平头炉，主要用于放置平底锅、砂锅、汤煲等，通常有双头煲仔

炉、四头煲仔炉、六头煲仔炉（见图 3–4）、八头煲仔炉等不同类型。

2. 煲仔炉的使用及维护保养要求

使用时首先应检查煲仔炉是否漏气。确认无漏气后，再正确开启灶头开关，然后调节到需要的火力进行操作。

煲仔炉与中式燃气炒炉结构相似，可按中式燃气炒炉的维护保养方法进行保养。

● 图 3–4　六头煲仔炉

五、燃气蒸灶

燃气蒸灶（见图 3–5）的底部有燃烧口，燃烧口的上方是水箱，有汽管通入蒸箱内。燃气蒸灶分为燃气蒸柜灶和燃气蒸笼灶。

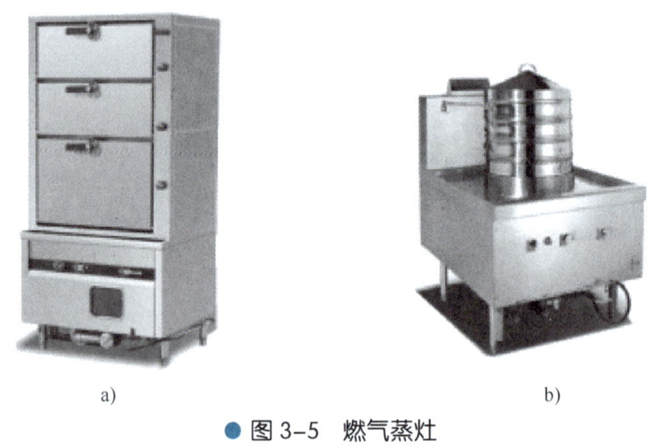

a)　　b)

● 图 3–5　燃气蒸灶

a）燃气蒸柜灶　b）燃气蒸笼灶

1. 燃气蒸灶的使用方法

首先，打开蒸灶门或取下蒸笼盖，放入原料。然后，关上蒸灶门或盖上蒸笼盖，开启蒸汽阀门。

待原料烹制好后，关上蒸汽阀门，取出制品，其间应注意防止被蒸汽烫伤。

2. 燃气蒸灶的维护保养要求

使用完毕后应及时将水箱或锅中的水放干净。

蒸汽管道应保持畅通。

应经常检查蒸汽阀门是否漏蒸汽，并保持灶面清洁。

第二节　以燃油或燃煤为能源的灶具

以燃油为能源的灶具包括燃油炉、燃油蒸灶等，其所用的燃料为柴油，特点是功效高、燃烧效果好、易操作、经济节能。燃油炉的每个炉头都配备一个鼓风机，使用时要分别调整进油阀门和进风阀门。目前，燃油灶具在餐饮业中使用较为广泛。

以燃煤为能源的灶具长久以来发挥了非常重要的作用，但随着时代的进步，燃煤灶具已逐步退出了历史舞台，目前仅在一些偏远地区还使用燃煤灶具。

一、以燃油为能源的灶具

1. 燃油炒炉

燃油炒炉包括柴油炒炉等种类，柴油炒炉（见图 3–6）又叫柴油汽化炉，有单头炒炉和双头炒炉之分。它是厨房主要的烹饪设备之一，适合使用炒、炸、煎、熘、烧、焖等多种烹调方法。

2. 燃油蒸灶

燃油蒸灶的适用性与燃气蒸灶相同，外形与燃气蒸灶基本相同，所不同的是燃烧口结构不一样。

3. 燃油平头炉

燃油平头炉的适用性与燃气平头炉（煲仔炉）相同，外形与燃气平头炉基本相同，所不同的是燃烧口结构不一样。

4. 肠粉炉

肠粉炉有单盆肠粉炉和双盆肠粉炉（见图 3–7）两种，适用于蒸制肠粉。

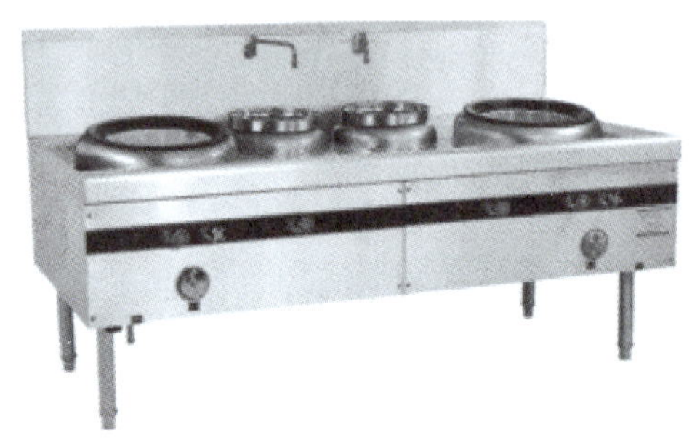

● 图 3–6　柴油炒炉

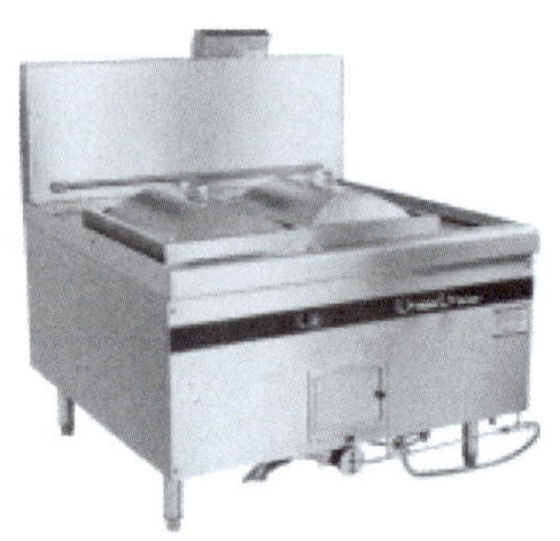

● 图 3–7　双盆肠粉炉

（1）肠粉炉的使用方法

1）点火。首先，打开室内主管道油阀和灶台前面板上的总油阀，打开电源开关。然后，打开灶口下的油阀，使燃烧器内有少许底油，再关闭该油阀。最后，点燃点火棒，引燃燃烧器内的柴油后取出。待肠粉炉预热 2 ~ 3 分钟后，打开风机，分别调节灶口下的油阀和风阀，使火焰达到使用要求。

2）熄火。依次关闭灶口下的油阀、肠粉炉上的总油阀、主管道油阀。待灶具内的柴油燃烧完后，再关闭风机及电源。

（2）肠粉炉的维护保养要求

清洗灶台时，要防止水流进电源开关和风机内。

每两三个月应清洁一次油箱，以免杂物堵塞油管。

应定期清理炉胆，以免油垢变硬不易清除。

（3）双盆肠粉炉常见故障原因及排除方法

双盆肠粉炉常见故障原因及排除方法见表 3–1。

表 3–1　　双盆肠粉炉常见故障原因及排除方法

故障表现	产生原因	排除方法
油阀漏油	密封螺母断裂或螺纹损坏	拧紧或更换密封螺母
炉底或风阀漏油	进油量过大	清理炉底存油，清理风管内残油
熄火或火大	风阀、油阀过松或转向失灵	维修或更换风阀、油阀

二、以燃煤为能源的灶具

1. 燃煤炒炉

燃煤炒炉火眼阔，炉膛深，火力集中，通风口大，无灶门，一个炉膛只有一个火眼，火眼上装有圆形生铁圈，圈上有 2 ~ 3 个缺口，炉面由瓷砖砌成。

燃煤炒炉适合使用炸、熘、爆、炒等旺火速成的烹调方法。

燃煤炒炉火力旺而集中，不需要经常通炉和加煤。但其火力大小不易调节，无法适应多种火候的烹调方法。而且燃煤炒炉热效率低，燃料浪费较大。

2. 燃煤蒸灶

通常将锅具固定嵌在燃煤蒸灶灶内，锅沿与灶面持平，灶膛下面有出灰口，灶膛底部砌成与锅底吻合的弧形。

燃煤蒸灶适合使用蒸、煮、炖、焖等烹调方法。

由于燃煤蒸灶灶口、灶膛及通风口均很大，所以灶内空气流通好，火力较旺。

第三节　以电为能源的灶具

随着科技的进步和社会的发展，以电为能源的灶具种类越来越多，如电磁抛炒炉、电烤炉、电灶、电磁炉、微波炉、电饭锅和万能炒菜机等。

一、电磁抛炒炉

1. 电磁抛炒炉的功能及特点

电磁抛炒炉（见图 3-8）采用电磁感应加热技术，具有升温快、无明火、无烟尘、无废气、无热辐射、噪声小、安全节能环保、操作简便、易维护等特点，适合使用爆、炒、熘、炸、烧、烩等多种烹调方法。

● 图 3-8　电磁抛炒炉

电磁抛炒炉整体为不锈钢材质，采用内循环散热结构，配备滑动式火力调节器和防油水浸入式显示屏，炉面配备调料板、供水龙头、水池和排水道。

2. 电磁抛炒炉的使用及维护保养要求

使用前应接好地线，确保安全。

使用时应先接通电源，打开开关，然后按烹调需要调好火力挡位。

使用完毕后应关闭电源开关。

每日应清洁炉面，疏通排水道。

二、电烤炉

1. 电烤炉的功能、特点及构造

电烤炉（见图3-9）又称电烤箱，它利用电热元件发出的辐射热来烘烤食品。电烤炉既可以用来烩焖菜肴、烤鸡、烤鸭、烤排骨等，又可以用来烘烤面包、蛋糕、布丁、酥点等。

电烤炉加热快，能耗少，效率高，结构简单，使用维修方便，烤制出的食品色、香、味俱佳，是中西式烹饪及面点加工中不可缺少的设备。

电烤炉内外均采用不锈钢制作，内膛用隔热材料，分多层，各层之间也装有隔热材料。炉门较多采用双层玻璃门，隔热效果好。另外，电烤炉还装有加热装置、温度控制装置、电子报警装置、计时装置、电路短路显示装置等，有的还设有喷水装置。

● 图3-9　电烤炉

2. 电烤炉的使用方法

首先，将需要烘烤的食物预先制备好，并按需要盛装妥当。

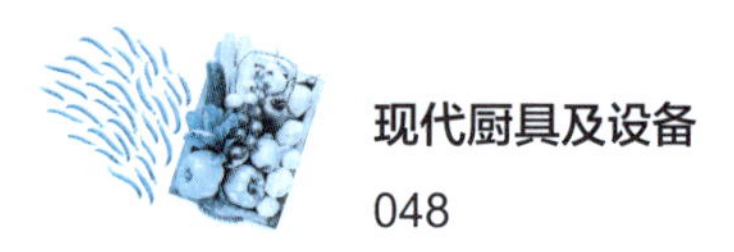

然后，接通电源，注意安全接地。将总开关打开，将转换开关调到适当位置并将调温器调至所需温度进行预热。待绿色指示灯亮，表明达到预热温度，方可进行烤制。

最后，放入要烤制的食物。不同的食物需要不同的温度（面火、底火、侧火温度也有不同要求）和时间。

食物烤制一半时间时，一般都要打开炉门调头再烤，以保证受热均匀。

到时间后，将转换开关和调温器都转向“关”的位置，关闭总开关，再取出食品，关闭电源。

3. 电烤炉的使用及维护保养要求

电烤炉应放在平整、宽敞的地方，周边至少有 20 厘米的空间。

为防烫伤，使用时必须用柄叉或隔热手套取放烤盘。

烤制时，通过透明窗口观察食物受热是否均匀，必要时可用工具调整烤盘方向。

使用完毕后要关闭电源，打开炉门晾凉，再将电烤炉内外都清洁干净。但禁止用水冲洗，以免损坏零件。

不可将可燃物、塑料器皿放到电烤炉顶部和内部，以免引起火灾。电烤炉顶部不可放置液体。不要将玻璃器皿放到电烤炉内，以免造成玻璃器皿炸裂。

三、电灶

1. 电灶的功能及特点

电灶（见图 3-10）是一种以数个封闭式电炉为主体的电热灶具，它利用电热元件进行加热，主要用于煮、蒸、烧制各类食品。它拥有各类加热方式，功能也较为齐全。

2. 电灶的使用及维护保养要求

使用完毕后要关闭电源开关，待电灶冷却后，将其内外擦洗干净。

使用时，不要靠近其他高温热源或放在潮湿的地方。不可使用金属棒、金属针捅电灶的吸气口或排气口。电灶应配套使用生铁制、熟铁制或有磁性的不锈钢制平底锅。

四、电磁炉

1. 电磁炉的功能及特点

电磁炉（见图 3-11）利用电磁感应原理进行工作。与一般烹饪炉灶相比，电磁炉具有安全可靠、热效率高、无火、无烟、无污染的特点，而且温度控制准确，使用方便，安全卫生。

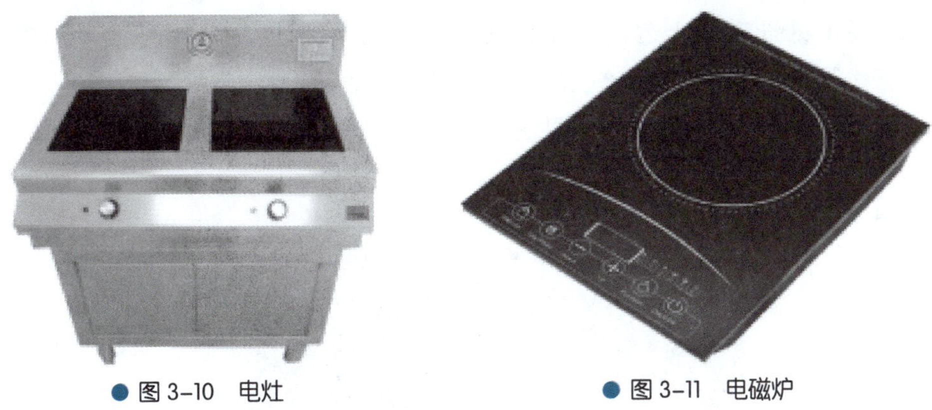

● 图 3-10 电灶　　● 图 3-11 电磁炉

2. 电磁炉的使用及维护保养要求

使用时必须水平放置，且保持排风口的通畅。如环境温度过高，应暂时停止加热。

严禁所用的锅具干烧，以免损伤电磁炉。

使用完毕后不可用水直接冲洗，以防进风口及排风口进水，造成故障。

每次使用完毕后必须关机断电。断电一段时间后（加热面板不再烫手），应及时清理电磁炉，以免残留在加热面板上的污物以后被反复加热，变得难以清洗，并造成加热面板脏污变色。

3. 电磁炉常见故障及检查要点

电磁炉常见故障及检查要点见表 3-2。

表 3-2　电磁炉常见故障及检查要点

故障表现	检查要点
接通电源后，无声音提示，所有指示灯不亮	电源是否有电
使用中突然停止加热，电磁炉连续发出短促的“哔”声，功能灯闪烁	电磁炉内部元件是否出现故障，电压是否过高或过低
电磁炉开机后连续发出短促的“哔”声，功能灯闪烁	锅具材质、大小、形状是否合适，锅具是否在加热面板中央位置，内部温度传感器是否出现断路
在待机状态下，按下开关按键后开不了机或设备不启动	电磁炉内部是否潮湿或有污物

五、微波炉

1. 微波炉的功能及特点

微波炉（见图 3–12）适宜使用蒸、煮、烤等烹调方法，也可用于食物加热。微波炉的工作原理是利用磁控管产生高频微波振荡，使食物本身产生大量的热，并在短时间内被加热成熟。微波炉的特点是快速、节能、无油烟、能保持食物营养成分、可杀菌、可消毒、加热均匀。

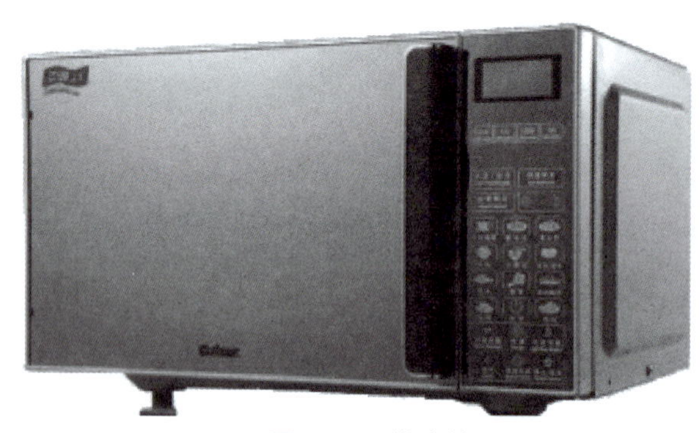

● 图 3–12　微波炉

2. 微波炉的使用要求

使用前应检查微波炉门是否开合顺畅，以防微波泄漏。

不可用金属器具盛放食物，宜选用耐高温的瓷器或玻璃器具盛放。

上层食物比下层热得快，上层不要摆满，以免影响加热效果。

使用时内装食物不宜太少，以免影响磁控管寿命。

使用完毕后应及时关闭电源，并将微波炉内外清理干净。

3. 微波炉的维护保养要求

应定期检查炉内排风管是否畅通。

应使用中性溶液擦洗微波炉内部的玻璃盘及内壁，切勿使用腐蚀性洗涤剂、香蕉水、汽油、研磨粉和钢丝球清洗微波炉。

六、电饭锅

1. 电饭锅的功能及特点

电饭锅（见图 3–13）不仅可以做米饭、熬粥，还可以蒸包子、蒸馒头、煮汤、清炖食物。电饭锅的主要特点是自动烹调、保持恒温、不需看管、清洁卫生、使用方便。

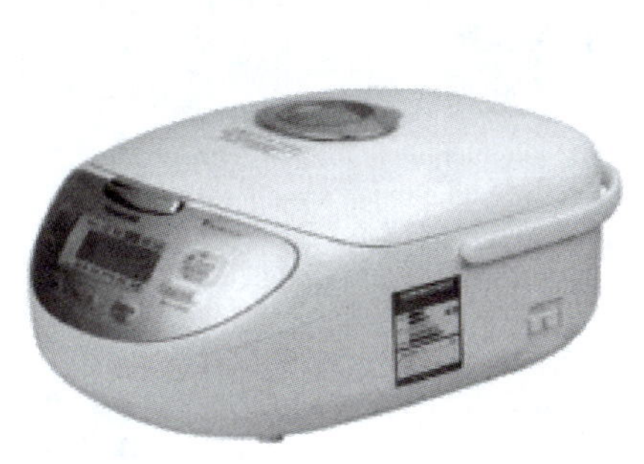

● 图 3-13　电饭锅

2. 电饭锅的使用及维护保养要求

电饭锅所用电线及插座必须符合要求。

电饭锅应远离易燃品。应保持外壳干燥，以免造成漏电和元件损坏。

内胆锅底与电热盘之间要保持干净，严禁空烧。内胆锅外不得有水分，内胆锅要置于电热盘中央位置。

忌用电饭锅盛放或加热酸碱性食物和原料。

七、万能炒菜机

万能炒菜机（见图 3-14）又称自动烹饪机。随着人们生活节奏的加快，大众用于准备一日三餐的时间越来越少，万能炒菜机便应运而生。

万能炒菜机由锅具动作装置、送料装置、中间出料装置、搅拌装置、火控系统、控制系统等部分组成。它虽然无法完全模仿人工烹饪，但对大部分中式菜肴尤其是炒制类菜肴可实现自动烹饪。目前，万能炒菜机还存在很大的提升空间。

八、万能蒸烤箱

1. 万能蒸烤箱的功能及特点

万能蒸烤箱（见图 3-15）是集焙、蒸、烤、煎、煮、焖、煲等烹调方法于一身的多功能烹饪设备，实现了烹饪多样化、自动化、智能化。用它烹制出的食品色、香、味俱佳，且混合烹饪不串味，可充分保留原料营养成分。

● 图 3-14　万能炒菜机

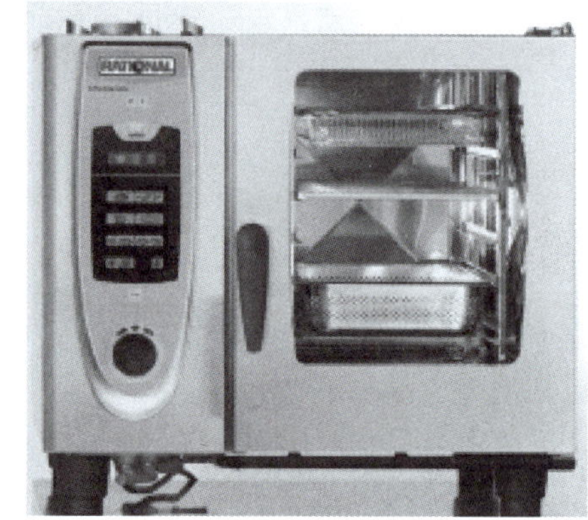

● 图 3-15　万能蒸烤箱

2. 万能蒸烤箱的使用及维护保养要求

万能蒸烤箱须安装在适当通风的环境中，周边须留出至少 50 厘米空间，并安全接地。

使用时要严格按设备说明进行操作。严禁蒸煮可燃液体（如含酒精的饮料等）。

禁止将盆或工具类物体放在箱顶，以免阻塞烟雾和蒸汽排放。

万能蒸烤箱的核心温度探针是精密仪器，在使用过程中要小心操作。

每天使用完毕后，要按设备说明用清洁剂清洁万能蒸烤箱内部。严禁用水冲洗设备。

设备出现运转故障时应将其关闭，进行维修。每年应对设备进行一次总体检查。

思考与练习

1. 燃气炒炉的使用方法及维护保养要求是什么？
2. 燃气汤炉的使用及维护保养要求是什么？
3. 肠粉炉的使用方法及维护保养要求是什么？
4. 电烤炉的使用及维护保养要求是什么？
5. 简述电磁炉常见故障及检查要点。

第四章
厨房制冷设备

学习目标

1. 了解厨房制冷设备的基本构成。
2. 掌握厨房常用制冷设备的使用方法。
3. 掌握厨房常用制冷设备的维护保养要求。

制冷设备是现代厨房不可缺少的设备，其主要用途是冷藏食物、原料或冷制食品，以达到贮藏、保鲜和冷食生产等目的。目前，现代厨房制冷设备主要有电冰箱、冷柜、小型冷库、制冰机、冰激凌机、冰杯机、保鲜砧板操作台、保鲜陈列柜等。

第一节　制冷设备的基本构造

在自然状态下，热量只能从高温物体传递到低温物体，而不能自动地由低温物体传递到高温物体。要使热量从低温物体传递到高温物体，就必须借助制冷设备。

压缩式制冷设备是一类常见的制冷设备。一般来说，压缩式制冷设备由压缩机、冷凝器、节流阀和蒸发器组成，并通过管道连通，实现制冷循环，如图 4-1 所示。

冷凝器
节流阀
蒸发器
压缩机

● 图 4-1　压缩式制冷循环

一、压缩机

压缩机是制冷系统的心脏，它的主要作用是通过吸气管将蒸发器内已经汽化的低温低压制冷剂气体吸入气缸内，再由活塞将其压缩成高压气体，然后通过排气管送入冷凝器，为实现制冷循环提供动力。

二、冷凝器

冷凝器又叫散热器，它的主要作用是将压缩机送来的高温高压气态制冷剂进行散热冷却（把热量传给周围介质），使之变成高压常温的液体状态。

三、节流阀

节流阀的作用是在制冷中使液态的制冷剂通过在管道中特设的节流孔，因压力降低而发生膨胀。节流孔的大小决定了制冷剂进入蒸发器流量的多少，它直接关系到蒸发器的工作状态和制冷设备的制冷效果。

四、蒸发器

蒸发器是制冷系统中一个重要的热交换器件。它的作用是将节流后的制冷剂在低压下蒸发，以吸收被冷却物质的热量，达到制冷的目的。

第二节　厨房常用制冷设备

厨房制冷设备有冷冻设备和冷藏设备两大类。冷冻设备温度大多设定在 −23 ~ −18 ℃，主要用于较长时间保存低温冷冻原料或成品。冷藏设备温度大多设定在 0 ~ 10 ℃，主要用于短时间保鲜，可保存蔬菜、瓜果、豆制品、奶制品等原料、半成品及成品。制冷设备有时也用于制作冷冻食品。

一、电冰箱

1. 电冰箱的分类

（1）按用途不同分类

电冰箱按用途不同可分为三种，见表 4–1。

表 4–1　　电冰箱按用途不同分类

类型	温度	用途
冷藏电冰箱（单门电冰箱）	0 ~ 10 ℃	用于冷藏食品，也可在蒸发器围成的较小空间内制取少量冰块
冷藏冷冻电冰箱（双门或三门电冰箱）	冷藏室温度为 −2 ~ 8 ℃，冷冻室温度为 −18 ~ −12 ℃	冷藏室与冷冻室之间相互隔热，冷藏室用于冷藏食品，冷冻室用于冷冻食品
冷冻电冰箱	−18 ℃以下	专门用于冷冻食品

（2）按箱内冷却方式不同分类

电冰箱按箱内冷却方式不同可分为直冷式电冰箱、间冷式电冰箱和混冷式电冰箱，见表 4-2。

表 4-2　　电冰箱按箱内冷却方式不同分类

类型	优点	缺点
直冷式电冰箱（有霜冰箱）	结构简单，价格低廉，耗电少	冷冻室易结霜，化霜麻烦，目前生产量较小
间冷式电冰箱（无霜冰箱）	自动除霜，制冷效果好，降温速度快	结构复杂，价格较贵，耗电多
混冷式电冰箱	兼顾直冷式电冰箱和间冷式电冰箱的优点 冷冻室采用间冷式，冷藏室采用直冷式	制造工艺复杂，成本较高

（3）按温度等级不同分类

温度等级是指电冰箱冷冻室内所能达到的储藏温度级别，一般分为“一星”“二星”“三星”“四星”四个级别，见表 4-3。

表 4-3　　电冰箱按温度等级不同分类

温度等级	符号	储藏温度	冷冻食品可保存时间
“一星”级	*	不高于 -6 ℃	约 1 星期
“二星”级	**	不高于 -12 ℃	约 1 个月
“三星”级	***	不高于 -18 ℃	约 3 个月
“四星”级	****	不高于 -18 ℃	3 个月以上

2. 电冰箱的构造

电冰箱由箱体、制冷系统和温度控制系统三部分组成。箱体包括外壳、内胆和箱门，外壳一般用厚 0.5 ~ 1 毫米的优质冷轧薄钢板制作，然后进行表面喷漆或喷塑处理，使箱体耐腐蚀且更加美观。内胆用 2 厘米厚的工程塑料一次加工成型，外壳和内胆之间填充有隔热材料。

3. 电冰箱的使用及维护保养要求

电源插头要插到位。电源插头或电源线如有损坏，必须由专业人员进行维修，不可自行更换。

必须使用规格大于 15 安的三孔电源插座，接地线不得引到电话线、水管、燃气管道上。

不可在电冰箱附近使用可燃性喷剂，以免引发火灾或爆炸。

电冰箱顶上不要放置重物，以防开关门时重物掉落伤人。

已经解冻的食品尽量不要再次放进冷冻室，以免影响食品质量。

电冰箱要经常清洁，有霜冰箱还要定期化霜，以保证电冰箱的卫生和正常使用。

二、冷柜

1. 冷柜的分类及构造

冷柜又称冷藏箱或厨房冰箱，它的制冷系统和温度控制系统与电冰箱基本相同。厨房常用的小型冷柜体积为 0.6 ~ 3 立方米，柜内温度为 −15 ~ 0 ℃。

冷柜和电冰箱的工作原理相同，二者的区别主要是容积、制冷能力、外观、开门方式等。冷柜的容积比电冰箱大，外形比较简单。

冷柜按结构不同分为立式冷柜和卧式冷柜两种。立式冷柜大多是多门形式，为前开门式。它的压缩机组大多装在柜体顶部，如图 4−2 所示。卧式冷柜为上开门式，冷气不易逸出，外界热空气不易侵入，其压缩机通常装在柜体底部，如图 4−3 所示。

a)

b)

图 4−2　立式冷柜

a）六门冷柜　b）四门冷柜

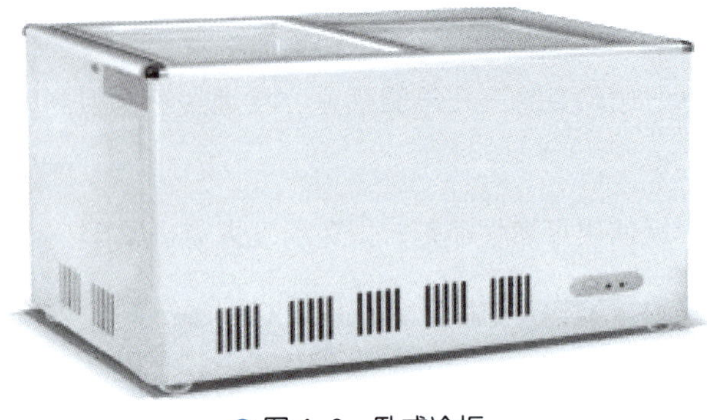

图 4-3 卧式冷柜

冷柜与电冰箱一样，也由箱体、制冷系统、温度控制系统三个部分组成。箱体的基本作用是隔热，其隔热性能的优劣直接关系到箱体的保温性能。

2. 冷柜的使用及维护保养要求

放置冷柜的室内环境应通风良好、干燥。冷柜顶部距离天花板应在 50 厘米以上，后面和左右两侧距离墙体或其他物体均应在 20 厘米以上。

使用前要先进行 2 ～ 6 小时空柜通电运行。停机后不可立即启动，须等待 5 分钟以上，以免烧坏压缩机。新购买或搬运后的冷柜应静置 2 ～ 6 小时后再开机。

一般冷柜的温度控制器挡位须根据季节、环境温度、使用情况适当进行调整。

使用时应尽量减少开门次数，缩短存取食品的时间。热的食品须冷却到室温后方可放入冷柜。

应定期清扫冷柜的压缩机和冷凝器，清扫时不可用水冲，以免降低电器的绝缘性能。每 2 个月应至少清洁 1 次冷柜，清洁时应先关闭电源，用中性洗涤剂和水轻轻擦洗，然后用蘸有清水的软布将洗涤剂拭去。不可用洗衣粉、去污粉、滑石粉、碱性洗涤剂、开水、油类、刷子等清洗。清洁内壁时应将所有食品及格架等全部取出，彻底进行一次大扫除，同时擦拭干净门封条，抹上适量滑石粉，以避免发生封条粘连现象。

冷柜长时间不使用时，应拔下电源插头，将内部擦拭干净，并待充分干燥后将柜门关好。

3. 冷柜常见故障原因及排除方法

冷柜常见故障原因及排除方法见表 4-4。

表 4-4　　冷柜常见故障原因及排除方法

故障表现	产生原因	排除方法
不制冷	（1）电源插头松动脱落 （2）开关断开	（1）重新插好插头 （2）接通开关
制冷慢	（1）食品堆放过多，使冷气没有流通的通道 （2）受阳光直射或附近有热源 （3）冷凝器上尘土太多，异物堵塞	（1）调整食品位置 （2）重新放置冷柜 （3）清理冷凝器
噪声大	（1）地基不平或松软 （2）冷柜可调脚未调好	（1）平整或加固地基 （2）重新调整可调脚

三、小型冷库

1. 小型冷库的分类

目前，大中型餐饮企业厨房常用的小型冷库有固定式和活动式两种，冷库体积一般为 6 ~ 10 立方米。

固定式小型冷库的制冷系统由生产厂家提供并负责组装、调试。冷库的隔热防潮部分采用土建式结构，一般由用户按照设备要求建造。

活动式小型冷库又称可拆式冷库或拼装式冷库，这种冷库具有重量轻、结构紧凑、保温性能好、安装快捷等特点。活动式小型冷库外部如图 4-4 所示。

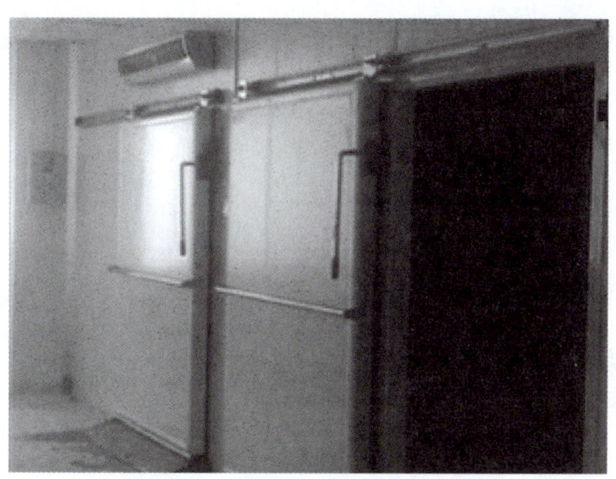

● 图 4-4　活动式小型冷库外部

2. 小型冷库的使用及维护保养要求

（1）冷库的除霉、杀菌及消毒

冷藏的烹饪原料和食品中都有一定的脂肪、蛋白质和淀粉等营养成分，在库房卫生条件不好的情况下，霉菌和细菌会大量繁殖生长。例如，储藏鸡蛋的冷库若常年有霉菌，就会使鲜蛋生霉变质。为做好冷库卫生管理工作，要定期除霉、杀菌及消毒，一般可选用酸性消毒剂（如乳酸、过氧乙酸等）对冷库进行消毒。

（2）冷库异味的排除

冷库中的烹饪原料及食品在外界因素的影响下可能发生物理、化学变化，产生异味，从而影响烹饪的质量。常用的异味排除方法有以下几种：

1）臭氧除味法。臭氧具有强氧化性，不但能消除库房中的异味，还能抑制微生物的生长。

2）甲醛除味法。可将冷库内的原料搬出，用质量分数为 2% 的甲醛水溶液进行消毒，并排除异味。

3）食醋除味法。装过鱼的冷库，鱼腥味很重，不宜立即装入其他食品。必须使用食醋彻底清洗排除鱼腥味后，方可装入其他食品。

四、制冰机

制冰机（见图 4–5）又称冰块机，是餐饮企业厨房专门用来制作食用冰块的一种制冷设备。目前，市场上常见的制冰机日产冰量为 10 ~ 300 千克。

制冰机由不锈钢机体、制冷系统和供水制冰系统等组成，供水制冰系统由微型水泵、喷嘴、水槽和储冰槽等组成。制冰机的制冷原理与电冰箱完全相同。

图 4–5　制冰机

知识链接

制冰机的工作过程

1. 微型水泵可把水从水槽内吸出，通过喷嘴把水喷洒在模具上，直到冰块达到规定标准。

2. 冰块达到标准后，操作人员使压缩机和水泵停止工作，同时接通脱模电热器的电源，使模具内的冰块受热，并在自重作用下滑落入储冰槽中。

3. 储冰槽的触动开关能根据储冰槽内冰量的多少自动控制制冰机的开机和关机。

五、冰激凌机

冰激凌机（见图 4-6）由制冷装置、搅拌器和硬化箱等组成。它的蒸发器多为圆筒形，筒内蒸发温度为 -25 ~ -20 ℃。沿筒内壁旋转的刮拌架由筒后端的减速装置带动，筒前部装有一个可以活动的盖子，盖子上部为装料口，下部为出料口。

制作冰激凌时，接通电源，装入配好的原料，刮拌架以一定速度刮削筒内壁和搅拌原料，原料由蒸发器冷却为微小而松散的冰碴，冰碴逐渐冻结成半固体状态后，由前盖出料口放出。

● 图 4-6　冰激凌机

六、冰杯机

冰杯机（见图 4-7）可以使饮品在短时间内迅速冰冻、起雾。有的冰杯机可以容纳一定规格的杯架，方便大量快速拿取杯子。其内部层板可自由调整高度，以放置各种规格的杯具。

● 图 4-7　冰杯机

酒吧里提供净饮、鸡尾酒、冷冻饮料、冰激凌、啤酒等时往往都需要使用冰杯机。

冰杯机的工作原理与电冰箱相同。冰杯机的温度一般控制在 4 ~ 6 ℃，当杯子从冰杯机中取出时会有一层雾霜。

七、保鲜砧板操作台

采用保鲜砧板操作台（见图 4–8）可以方便操作和节省厨房面积，因此在餐饮企业厨房中已日渐普及。

保鲜砧板操作台下的保鲜柜中安装有管式制冷设备，配菜时可随时将原料放入柜中保鲜。保鲜柜的温度一般为 0 ~ 8 ℃，原料保鲜一般不超过两天。

● 图 4–8　保鲜砧板操作台

使用保鲜砧板操作台时应保持砧板操作台清洁卫生，电气装置应避免受潮。砧板操作台不可受太大的震动，以免损坏台面及电气装置。

八、台式调理盒冰箱

台式调理盒冰箱（见图 4–9）是一种可自由移动的小型冷藏设备，可摆放于工作台上。它的内部可以容纳不同规格的调理盒，非常便于原料或食物的保存。

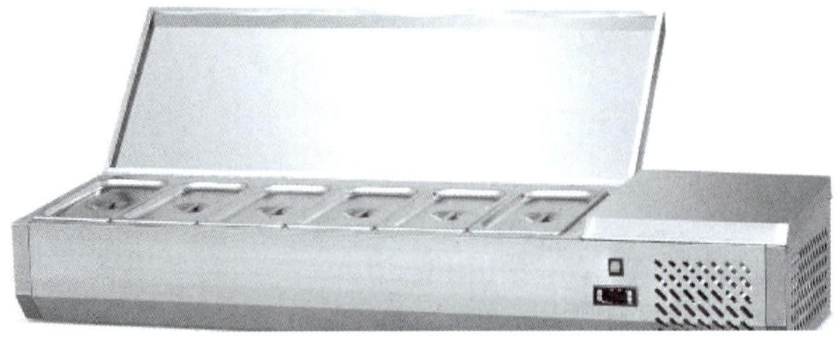

● 图 4–9　台式调理盒冰箱

九、保鲜陈列柜

保鲜陈列柜（见图 4-10）多用于餐厅、酒吧等场所。该设备便于日常展示和陈列各种食品，方便消费者选择食品，并能保持食品低温和新鲜。保鲜陈列柜款式很多，冷藏温度为 2 ~ 10 ℃。

● 图 4-10　保鲜陈列柜

十、小菜冷柜

小菜冷柜（见图 4-11）用于存取各类小菜，其使用及维护保养要求如下：

● 图 4-11　小菜冷柜

新购买或搬运后的小菜冷柜应静置 2 ~ 6 小时后再开机。使用前，应先进行 2 ~ 6 小时空柜通电运行。停机后不可立即启动，须等待 5 分钟以上，以免烧坏压缩机。

应定期清扫压缩机和冷凝器。小菜冷柜的冷凝器运转时会附着很多灰尘等杂物，从而影响其制冷效果。所以，冬季应对冷凝器进行彻底清理，这样才能使其在夏季处于最佳工作状态。

应定期对小菜冷柜内部进行清洁，每 1 个月至少 1 次。清洁时应先关闭电源，用中性洗涤剂和水轻轻擦洗，然后用蘸有清水的软布将洗涤剂拭去。不可用洗衣粉、去污粉、滑石粉、碱性洗涤剂、开水、油类、刷子等清洗。

思考与练习

1. 简述制冷设备的基本构造。
2. 电冰箱有哪几种类型?
3. 简述冷柜常见故障原因及排除方法。
4. 小型冷库的使用及维护保养要求是什么?

第五章 西餐厨具及设备

学习目标

1. 了解西餐厨房设备配备的要求。
2. 掌握西餐厨房常用厨具及设备的使用方法与维护保养要求。

西餐是我国及一些东方国家的人对欧美菜点的统称，确切地说是对按欧美各国的文化风俗习惯烹制的菜肴的统称。由于历史文化背景、风土人情、饮食习惯的不同，西餐厨房所使用的厨具设备与中式厨房所使用的厨具设备也有所不同。

第一节　西餐常用厨具

西餐厨房分工细致，因而西餐厨具品种繁多且每种用途大多固定单一。

一、西餐常用刀具

西餐常用刀具见表 5–1。

表 5–1　　西餐常用刀具

名称	特点	用途	图示
法式分刀（French knife）	法式分刀呈弧形，刀刃锋利，背厚，颈尖，型号多样，长度为 20 ~ 30 厘米	用途广泛，切剁皆可	
厨刀（chef's knife）	厨刀刀刃锋利平直，刀头呈尖形或圆形	主要用于切割各种肉类	

续表

名称	特点	用途	图示
剔骨刀（boning knife）	剔骨刀刀身又薄又尖，较短	用于肉类原料的去骨	
烤肉刀（beef slicer）	烤肉刀刀身较长，刀尖呈圆弧状	用于切割大块烤肉	
剁肉刀（chopping knife）	剁肉刀刀身呈长方形，形似中餐刀，刀身宽，刀背厚	用于带骨肉类原料的分割	
牡蛎刀（oyster knife）	牡蛎刀刀身短而厚，刀头尖而薄	用于挑开牡蛎壳	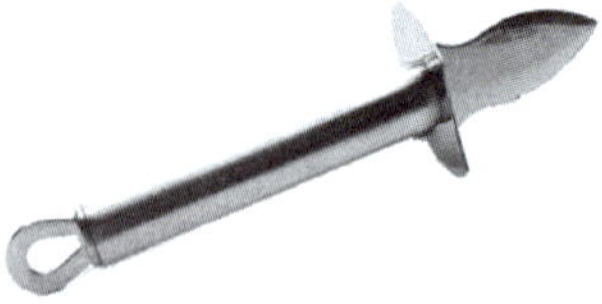
蛤蜊刀（clam knife）	蛤蜊刀刀身扁平、尖细，刀刃锋利	用于剖开蛤蜊外壳	
蛋糕刀（cake knife）	蛋糕刀又称蛋糕铲，刀面较阔	用于铲起蛋糕，以防破裂	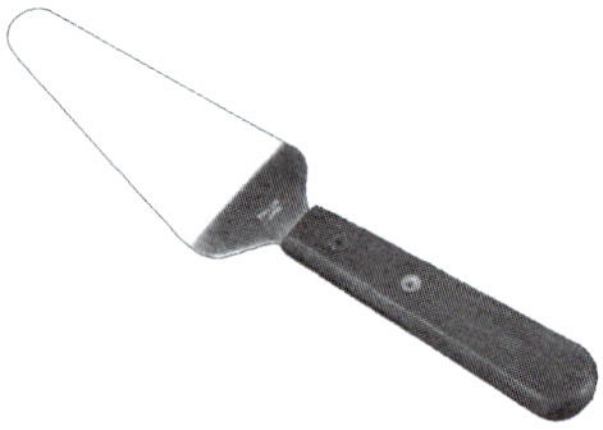

二、西餐常用锅、盘等厨具

西餐常用锅、盘等厨具见表 5-2。

表 5-2　　西餐常用锅、盘等厨具

名称	特点	用途	图示
煎盘 （frying pan）	煎盘呈圆形或方形，底平，直径有 20 厘米、30 厘米、40 厘米等规格	用于煎制牛排、比萨等食品	
炒盘 （sautéing pan）	炒盘呈圆形，底平，较小较浅，盘底中央略隆起	一般用于用少量油脂快炒	
煎蛋盘 （omelette pan）	煎蛋盘呈圆形，底平，较小较浅，四周立边呈弧形	用于煎蛋	
沙司锅 （saucepot）	沙司锅呈圆形，底平，有长柄和盖，深度一般为 7 ~ 15 厘米，直径有 6 厘米、8 厘米、10 厘米、12 厘米等规格，锅底较厚	一般用于沙司的制作	
汤桶 （stockpot）	汤桶较大较深，有盖，两侧有耳环，容量为 10 ~ 180 升不等	一般用于制作汤或烩煮肉类	
蒸锅 （steamer）	蒸锅为双层或多层，底层盛水，上层放食品，容积不等，有盖	一般用于蒸制食品	

续表

名称	特点	用途	图示
笊篱 （strainer）	笊篱是用铁丝或竹篾编制成的网筛	用于捞取焯、炸制品，沥干面条等	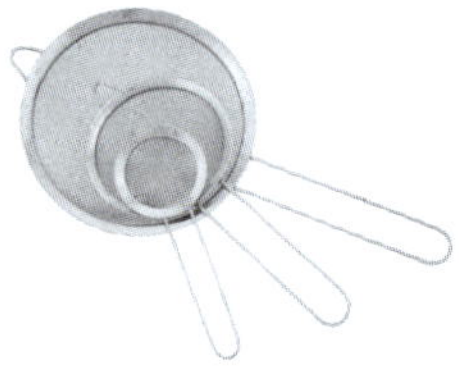
帽形滤器 （cap strainer）	帽形滤器呈圆形，形似帽子，用较细的金属丝制成纱网，有一长柄	一般用于过滤沙司	
锥形滤器 （stabber strainer）	锥形滤器用不锈钢制成，呈锥形，有长柄，锥形体上有许多细小孔眼	一般用于过滤汤汁	
烤盘 （roasting dish）	烤盘呈长方形，立边较高，用薄钢制成	主要用于烧烤原料	
烘盘 （baking dish）	烘盘呈长方形，较浅，用薄钢制成	主要用于烘烤面点食品	
研磨器 （grater）	研磨器呈梯形，四周金属片上有不同孔径的密集小孔	主要用于奶酪、水果、蔬菜的研磨或擦碎	

续表

名称	特点	用途	图示
蛋铲 （egg shovel）	蛋铲用不锈钢制成，呈长方形，铲面上有孔，以沥掉油或水	主要用于煎蛋等	
汤勺 （ladle）	汤勺一般用不锈钢制成，有长柄	用于舀汤汁、沙司等	
肉叉 （fork）	肉叉形式多样	用于切片、翻动原料	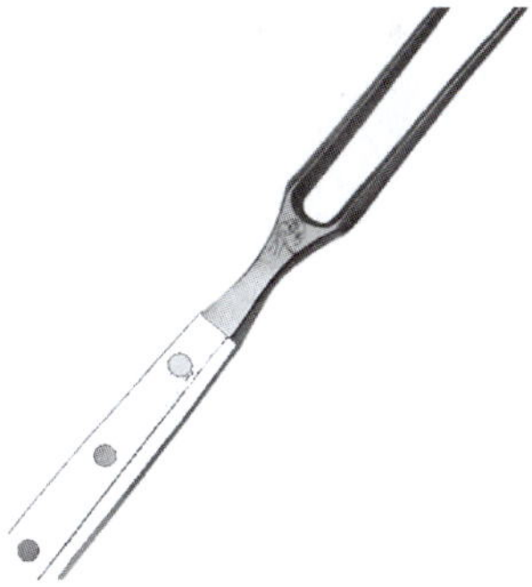
肉锤 （meat pounder）	肉锤又称拍铁，带柄，无刃，一面有凸起的小点或纹路，另一面平滑	主要用于拍砸各种肉类	

续表

名称	特点	用途	图示
切蛋器 （egg cutter）	切蛋器分为相连并可以扣合的两个部分，一部分有若干条平行分布丝线，另一部分用于放熟鸡蛋。其材质为塑料或金属	主要用于制作沙拉过程中加工不同形状的熟鸡蛋	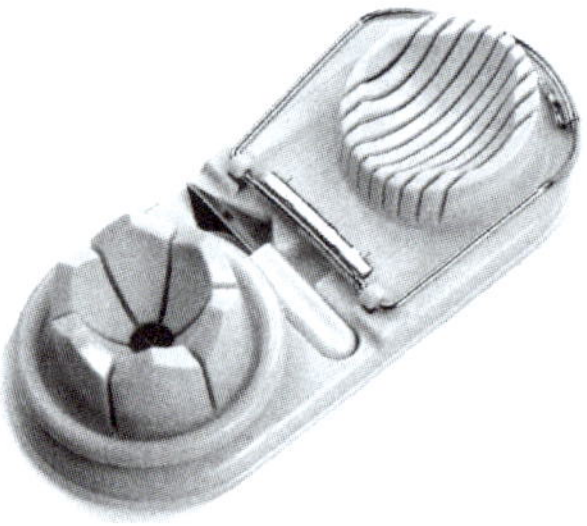
开罐器 （can opener）	开罐器为不锈钢材质，有防滑柄	主要用于开启罐头	

第二节　西餐厨房常用设备

一、西餐厨房设备配备要求

西餐烹制多以烤、炸、煎、扒、炒、焖等方法为主，十分讲究烹制用料和调味，并且非常注重菜肴成熟度和营养卫生。

西餐厨房主要分为西餐烹调主厨房、西餐冷房和西饼房，不同类别西餐厨房的设备也有所不同。西餐厨房分工细致，厨房设备种类繁多，而且每种设备用途固定单一，机械化程度比较高。

西餐厨房主要配备以下几类设备：

1. 烹饪加热设备

烹饪加热设备是西餐厨房设备中的主要设备。西餐厨房烹饪加热设备主要使用电和燃气等能源，设备的专业性较强，自动化程度较高。西餐厨房常用的烹饪加热设备有炒炉、焗炉、扒炉和油炸炉等，此外，还有西式自助餐的恒温加热设备，以及制作各种面包和西式点心的加热设备等。

2. 冷藏、冷冻设备

西餐菜肴十分注重营养卫生，对冷藏、冷冻设备要求较高。西餐厨房常用的冷藏、冷冻设备有电冰箱、冷柜、冰激凌机、冰杯机等。

3. 食品加工设备

由于西餐原料供应比较规范，加工精细度高，所以，西餐厨房使用面积往往比中式厨房要小，工作人员相对较少。此外，西餐对烹制菜肴的预处理要求快捷、高效。以上因素决定了西餐厨房必须配备自动化程度和机械化程度较高的食品加工设备，才能达到菜肴供应速度和出品质量方面的要求。

4. 与风味特色相适应的设备

由于西餐菜肴有各种不同的风味特色，所以不同种类西餐厨房的烹饪加工设备也有所不同。例如，西餐扒房、咖啡厅、西式宴会厅、西式快餐店等，应根据其各自功能特点配备不同设备。

二、西餐厨房常用烹饪加热设备

由于烹饪加热设备在西餐厨房设备中居于主要位置，所以，以下主要对西餐厨房常用烹饪加热设备进行介绍。

1. 西式燃气连焗炉

（1）西式燃气连焗炉的功能、特点及构造

西式燃气连焗炉（见图 5-1）是西餐厨房主要烹饪加热设备之一，适合使用炒、煎、扒、焗、烤等多种烹调方法，具有功能全、使用方便、易清洁、燃烧好等特点。

● 图 5-1　西式燃气连焗炉

西式燃气连焗炉用优质不锈钢制成，其外部结构包括铸铁炉头（或黄铜炉头）、平头明火炉、暗火烤箱和燃气控制开关。炉体内膛用优质不锈钢制成并用高密度玻璃纤维包住，能持久保温。炉门用双层玻璃纤维制造，表面有不锈钢板，隔热好。西式燃气连焗炉一般设有自动点火装置和温度控制装置。黄铜制造的开关密封性较好，能防止漏气。

（2）西式燃气连焗炉的使用方法

点火前，应首先检查有无漏气现象，以及各开关旋钮是否处于关闭状态。如果发现有漏气现象，应立即关闭燃气阀门，并通风排气。

然后，拧开气阀，打开自动点火器及其他控制开关。将火力调到所需大小，便可烹制菜肴，同时可利用焗炉烘烤食品。

使用完毕后，应先关炉上的燃气开关，再依次关闭其他所有开关和气阀，关闭顺序不要颠倒，以防负压回火。

（3）西式燃气连焗炉的使用及维护保养要求

切勿将易燃物品（如毛巾等）放在炉面任何位置，否则可能引发火灾事故。

每日应清洗炉具表面油污和杂物，疏通炉面水道。每周应清洁一次炉内燃烧器和挡板上的污物。

平时应定期检查炉具的使用情况，如有故障应及时维修。

2. 蒸汽夹层汤锅

（1）蒸汽夹层汤锅的功能、特点及构造

蒸汽夹层汤锅（见图 5-2）以蒸汽为热源，锅身可倾覆，以方便操作。它属于间歇式熬煮设备，适用于酒店、宾馆、食堂及快餐店，常用于热烫和预煮肉类、配制调味液、熬煮粥和水饺类产品。它在处理粉末及液态原料时尤为方便。

● 图 5-2　蒸汽夹层汤锅

蒸汽夹层汤锅主要由机架、蒸汽管路、锅体、倾锅装置组成，主要材料为不锈钢，符合食品卫生要求，造型美观大方，使用方便省力。

蒸汽夹层汤锅通过蒸汽加热，传热效率高，不会煳锅。

其倾锅装置是通过手轮带动蜗轮、蜗杆等，使锅体倾斜出料。也有以电动控制方式翻转锅体的，整个操作过程安全且省力。

（2）蒸汽夹层汤锅的使用方法

首先，将锅上方的水龙头打开，向锅内加注适量的水。然后，打开蒸汽阀门，看压力表。一般蒸汽压力不大于 0.3 兆帕，有的可达 0.5 兆帕，此时汤锅进入工作状态。

（3）蒸汽夹层汤锅的使用及维护保养要求

所需蒸汽压力的大小要参考产品说明书，一般蒸汽压力不得大于 0.3 兆帕。

应经常检修倾锅装置和蒸汽阀门，不要将毛巾等物品放在压力表上。如果蒸汽阀门年久失修，操作人员在打开或关闭阀门的一瞬间可能被蒸汽烫伤，所以使用时要用毛巾等物品包住阀门再拧。

蒸汽管道是输送高压蒸汽的，一定要选用符合质量标准的管道，不可随意乱接。蒸汽管道外面还要有隔热层，以防烫伤人。

使用完毕后要清洁汤锅。

3. 油炸炉

（1）油炸炉的功能、特点及构造

油炸炉（见图 5–3）是西餐厨房用来制作油炸食品的主要设备，具有投料量大、工作效率高、温度可设定调节、可自动滤油、操作方便等特点。

油炸炉一般为长方体，能自动控制油温。油炸炉以电加热方式为主，也有采用燃气加热的。

油炸炉由不锈钢架、不锈钢油缸、温度控制器、加热装置和滤油装置等组成。

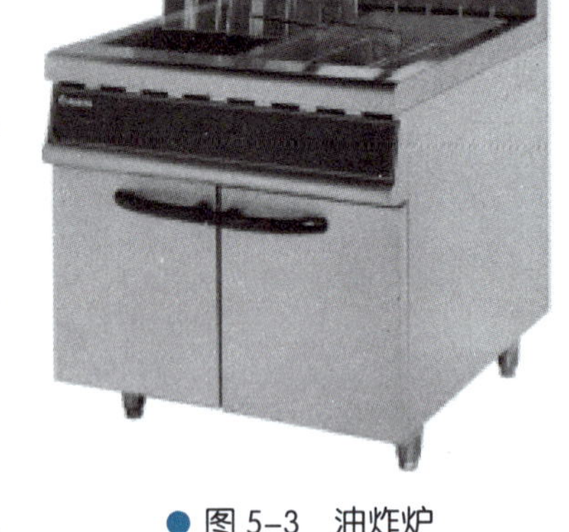

图 5–3　油炸炉

（2）油炸炉的使用方法

以电热式油炸炉为例，首先，将食用油（植物油或起酥油）注入油缸内，油面最低不得低于油缸内标注的“MIN”线，最高不得高于“MAX”线。然后，接通电源，预调到所需温度。当发热管停止工作时，便可投入原料炸制食物。

（3）油炸炉的使用要求

炸制食物时不可使用旧油，以免油沸点降低或过度沸腾。

对于电热式油炸炉，油缸内的隔油网是为保护发热管而设的，在炸制食品时，隔油网必须放在油缸内。操作时要保证温度控制器正常工作，温度控制器一旦失灵，油温便无法自动控制，因此，使用油炸炉时工作人员不可离开。使用完毕后，应关闭开关，确认电源断开或火熄灭后方可离开。

滤油是保证食品质量和延长炉具寿命的必要环节。在清理残渣污物或放掉旧油时，应待油温降至常温才能进行操作，以防热油伤人。其操作步骤为：先把炸篮及隔油网取出，放置于干燥处；然后打开卸油阀，放出旧油或残渣污物；最后打开抽油阀，利用抽油循环对油缸进行清理。

每次滤油时都要用滤油标尺检测，滤油标尺显示为一格、二格、三格的都要滤油。待油温降至常温时洒滤油粉，更换滤油纸（每滤一次油应更换一次滤油纸）。

待油炸炉冷却后，应用蘸有洗涤剂的湿抹布擦去油渍与污垢，再用清洁布擦干。

4. 扒炉

（1）扒炉的功能及特点

西餐厨房使用的扒炉有电扒炉和燃气扒炉两种，用于煎扒肉禽类、海鲜类、蛋类等食品，也可用来制作铁板炒饭、炒面、串烧等。电扒炉和燃气扒炉性能一样，只是在结构和火力运用方面略有差别。

扒炉又可分为煎灶和坑扒炉（见图 5-4）。

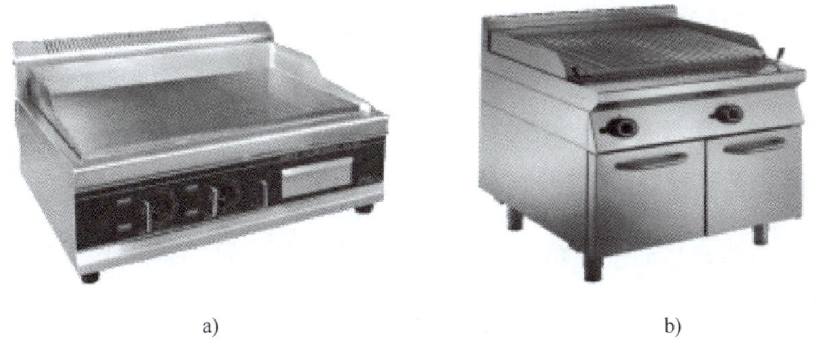

a)　　b)

图 5-4　扒炉

a）煎灶　b）坑扒炉

西餐扒房对用餐环境十分讲究，扒炉既要便于客人观看点餐，又不可破坏餐厅整体格局。扒炉上方装有排油装置，可及时排除煎扒菜肴产生的油烟。

（2）扒炉的构造

扒炉一般由铁板（或铁条）、不锈钢架、不锈钢管发热器（或数排燃气喷嘴）和温度控制器等组成。不同类型的扒炉构造有所区别。

1）电扒炉的构造。电扒炉中的电阻丝以线卷形式置于不锈钢管中，不锈钢管装在平面铁板的下面，通电后将热传导给铁板，食物平放在铁板上煎扒烹制。电扒炉的正面装有温度控制器，以便调节温度。

2）燃气扒炉的构造。燃气扒炉的炉头一般用铸铁制成，燃烧器具是无缝钢管，能起到稳定火焰的作用。燃气扒炉可更换的喷嘴能适合不同的气体使用。调节火力的开关大多用黄铜制造，能防止漏气。内膛一般用隔热材料（如玻璃纤维）制成，能持久保温，便于烹调。

3）煎灶的构造。煎灶表面是一块 1 ~ 2 厘米厚的平整铁板，四周滤油，主要以电和燃气作为能源，靠铁板传热，使被加热体均匀受热，且铁板有预热过程。

4）坑扒炉的构造。坑扒炉的构造同煎灶相仿，只是表面不是铁板，而是用铁铸造的倒“T”字形铁条。它主要以燃气、电或木炭为能源，通过炉具下面加热过的火山石的辐射热和铁条的传导使原料受热。使用坑扒炉时同样需要预热。

（3）扒炉的使用方法

使用前应先将铁板（或铁条）清洗干净，然后打开开关，调节温度控制器旋钮（或火力旋钮），再在铁板（或铁条）上刷上适量的食用油，随后便可煎扒食物。

（4）扒炉的使用及维护保养要求

不同地区的扒炉使用的气体种类和压力不同，应以当地使用的气体种类、压力作为标准选择扒炉喷嘴。

扒炉应安装在通风、干燥、无灰尘、较平整的位置，离墙至少 10 厘米，而且要便于铺设电线或燃气管道。不要改变扒炉正常工作所需要的通风空间。

使用时应根据原料的不同适当调节温度，使火力均匀，保证菜品达到色、香、味俱全的效果。

使用完毕后应关闭电源或气阀，待扒炉冷却后再清除油渍和食物残渣，用洁净的抹布擦干待用。

应定期做好炉具的维护保养和调试工作。炉内的燃烧器应定期清洁。宜用温热的肥皂水清洁炉具的不锈钢表面，然后彻底冲洗干净。严禁直接用高压水枪冲洗设备。

5. 焗炉

（1）焗炉的功能、特点及构造

焗炉（见图 5-5）是将食物直接放入炉内加热、烘烤的一种西餐厨房常用设备，分为燃气焗炉和电焗炉。

焗炉自动化控制程度较高，操作简便，烤制时食物表面易于上色，适用于原料的上色和表面加热，还可用于烤制多种菜肴，以及烘烤制作各种面包、点心。

a) b)

图 5-5 焗炉

a）燃气焗炉 b）电焗炉

焗炉由炉体、电加热器（或燃气喷嘴）和自动控制装置等组成，其规格和类型较多。例如，面火焗炉就是其中一种，其炉膛内有铁架，一般可升降，热源在顶部。

（2）焗炉的使用方法

首先，升高顶箱，把要烹制的食物放于不锈钢盘上。

然后，向上或向下垂直拉动顶部手柄，调节热源与食物表面的距离。根据需要松开手柄，热源随即停在所选定的高度。

接着，当温度达到设定值时，温度控制器自动切断热源，加热设备暂停工作，准备进行下一个烘烤循环。

烤制结束时，把顶箱升到顶部，取出已经烤制好的食物。关闭电源或燃气开关，待炉具冷却后再清理干净。

（3）焗炉的使用要求

使用电焗炉前，应先检查电源是否正常，保证电源电压与炉具使用电压标准相符合。

可根据需要将温度控制器调至常加热位，它表示电热管一直通电工作，而非循环加热方式。

有时温度控制装置会失灵，所以使用焗炉时操作人员不要离开，以免影响食物品质或出现安全隐患。

6. 西式蒸包炉

（1）西式蒸包炉的功能及特点

西式蒸包炉（见图 5-6）是西餐厨房常用的一种加热设备，它用不锈钢制造，耐用、卫生、环保。炉外设有防水开关。

（2）西式蒸包炉的使用方法

首先，接上自来水管，注意水压应达到一定标准。

然后，放入待烹制的原料，接通电源，打开蒸汽阀门。

最后，打开点火开关，点火后将火力大小开关调节到适当位置即可。

（3）西式蒸包炉的使用要求

设备必须装减压阀方可使用。

使用时要把设备放在通风的地方。若在室内使用，须安装强力的换气扇，以确保有足够的氧气。

7. 电热汤池

电热汤池用于汤类的加热和保温，也可用于煮面、煮粥等。它结构简单，经济实用。电热汤池分为二盆电热汤池（见图 5–7）、三盆电热汤池、六盆电热汤池等类型。

● 图 5–6　西式蒸包炉

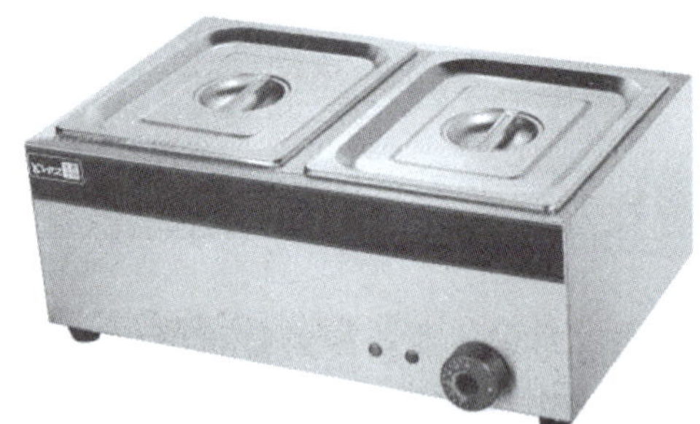

● 图 5–7　二盆电热汤池

电热汤池多用不锈钢制造，有合理的散热系统，升温快，发热均匀，保温持久，温度可控。

8. 滚筒式烤香肠机

滚筒式烤香肠机（见图 5–8）又名热狗机、香肠机、烤肠机，适用于烘烤熟制香肠。它采用不锈钢电热管进行间接加热，香肠在烤制过程中受热均匀。这种设备操作简单，清洁美观，可自动控温。

9. 华夫炉

华夫炉又称松饼机，用于制作华夫饼，目前流行于世界各地。按照结构和样式不同，华夫炉一般可分为单头华夫炉（见图 5–9）、双头华夫炉、单头心型华夫炉、双头心型华夫炉等类型。

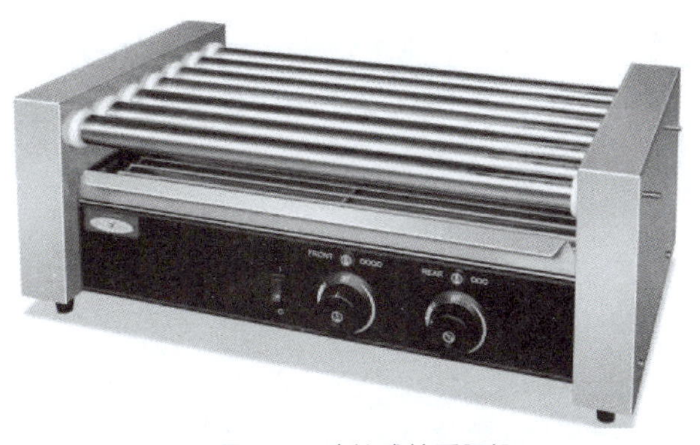

● 图 5-8　滚筒式烤香肠机

使用时，将调制好的原料倒入华夫炉烤盘上，烤制数分钟即可。

华夫炉配有温度控制器和定时器，有些还可自动调节转向，防止食物烤焦。

● 图 5-9　单头华夫炉

10. 天妇罗炸炉

天妇罗炸炉（见图 5-10）用于煎炸天妇罗（日式菜点中用面糊炸的菜）、鸡翅、猪排、牛排等，所炸出的食品色泽金黄、外酥里嫩。

天妇罗炸炉一般具有超温断电保护功能，控温精确，炸制食物快捷。

● 图 5-10　天妇罗炸炉

11. 燃气烧烤炉

烧烤炉是一种烧烤设备，可以用来烤羊肉串等食品。烧烤炉可以分为炭烧烤炉、燃气烧烤炉和电烧烤炉 3 种。其中，燃气烧烤炉和电烧烤炉以无油烟、对食品无污染而备受欢迎。

（1）燃气烧烤炉的构造及特点

燃气烧烤炉（见图 5-11）炉体一般采用不锈钢制造，内有数条独立耐高温加热板，上面有一个放置食物的烤盘或烤网。它通过电子脉冲点火，用液化石油气或天然气燃烧产生的热量来加热烘烤上面的食物。燃气烧烤炉可以通过控制火苗的大小来控制加热板的温度，使用方便。

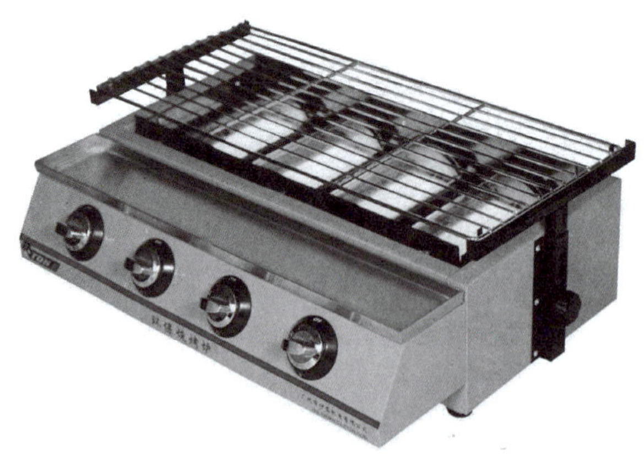

● 图 5-11　燃气烧烤炉

（2）燃气烧烤炉的使用要求

使用前，应先清洁炉具，上紧所有螺钉。烧烤过程中烧烤炉会发热变形，如果安装不正确、不牢固，烧烤炉变形将更加严重，可能影响烧烤的效果。

使用前还要先在烤网上涂一层食用油，以防食物粘在烤网上，而且这样清洁起来也更加简单。

使用时不得长时间将炉火调在最高挡位置。烧烤的食物重量不得超过烤网的正常负荷，否则容易造成烤网下坠、变形并容易造成危险。

（3）燃气烧烤炉的维护保养要求

使用完毕后，应待燃气烧烤炉降至常温，然后对燃气烧烤炉进行清洁。可用干净的干布将燃气烧烤炉擦拭干净，烤盘和烤网可以用清水和清洁刷进行清洗。燃气烧烤炉上不要留有烧烤的残余食物或者炭灰、油脂。

清洁后，应将烤网涂一层食用油，以防生锈。再将燃气烧烤炉安放在通风干燥的地方，并盖上烧烤炉罩。平时不要在燃气烧烤炉上放置重物。

12. 煮锅

（1）煮锅的功能、特点及构造

煮锅（见图 5–12）是西餐厨房常用的烹饪设备，用电加热。煮锅主要用来煮制面条、蔬菜等食品。

煮锅的特点是工作效率高，温度可设定和调节，操作方便。其工作原理类似于油炸炉。

煮锅由方体不锈钢架、方形锅（锅上有数个圆眼，用于放笊篱）、加热装置、温度控制器、进水和排水装置等构成。

● 图 5–12　煮锅

（2）煮锅的使用方法及要求

使用前应向锅内加注一定量的水，不可加得太满，以防溢出。

使用时打开煮锅开关，调好温度（只有常火、强火两挡），把要煮的食物放入笊篱内，即可煮制。

不用时应把锅中的水放掉，并清洗干净，关闭电源。

使用煮锅时，切记不可在无水状态下接通电源，以免烧坏电热管。

13. 多士炉

（1）多士炉的功能及构造

多士炉（见图 5-13）是一种小型炉具，家庭和酒店都可使用，操作方便，是烤面包片的专用设备，有两片、四片、六片等类型。用多士炉烤好的面包片可用于制作三明治，也可直接抹上黄油食用。

多士炉有一个不锈钢框架，一个开关装置和调温、调时装置，外面是不锈钢外壳或耐热塑料外壳。电阻丝是其主要工作元件。

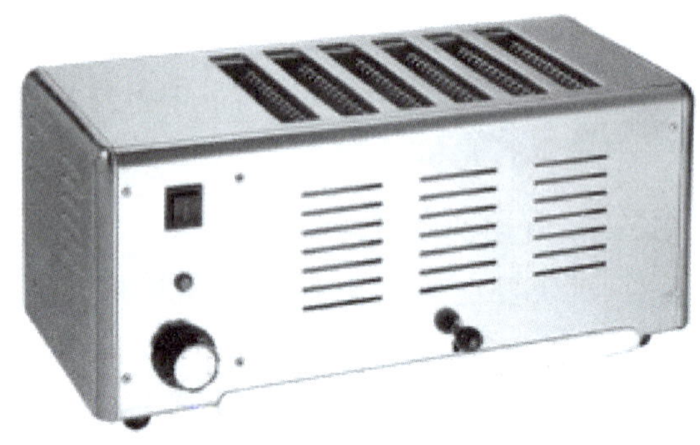

● 图 5-13　多士炉

（2）多士炉的使用方法及要求

使用时，先接通电源，把面包片放入多士炉缺口。然后按下开关，面包片下降到炉体内。

接着，调好烤制的时间。烤制时间可以任意设置，一般为 1.5 分钟。到时间后面包片会自动弹出，同时设备会自动关闭电源，停止加热。

多士炉中不放面包片时不可通电加热。加热时间不可太长，否则会引起事故，还会缩短设备的使用寿命。该设备的使用寿命有限，购买时一定要注意质量。

第三节　糖艺器具及设备

糖艺是指将砂糖、葡萄糖或饴糖等采用熬制、拉糖、吹糖等方法进行加工处理，从而制作出具有观赏性、可食性的独立食品或食品装饰插件的加工工艺。

糖艺制品色彩丰富绚丽，质感剔透，造型立体，是西点中最奢华的展示品或装饰原料。制作糖艺制品所需的器具及设备主要有以下几种：

一、加热器具及设备

1. 糖艺灯

糖艺灯（见图 5-14）是一种恒温装置，主要用来将糖体烤软，防止糖体温度降低，便于拉伸。

糖艺灯使用陶瓷加热管，热量稳定集中，储热箱能够起到关键的平衡作用。在使用糖艺灯时，必须先将挡位回零，由低到高逐渐加热，加热管与保温板的距离不得小于 20 厘米。利用温度调节旋钮可有效控制糖体的温度，而且糖体不易还原和返砂，能大大提高工作效率。

2. 喷火枪

喷火枪（见图 5-15）为合金材质，有橡皮握柄，出火口用耐高温陶瓷制造，火焰大小可调节。喷火枪可防风，火力集中，温度高，主要用于组合连接糖艺制品。

3. 酒精灯

酒精灯（见图 5-16）主要用于糖艺制品部件的黏结组装，多为玻璃材质，也有不锈钢材质的。

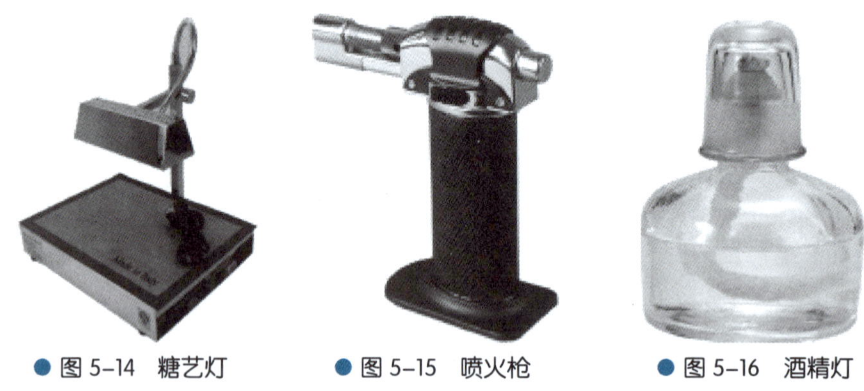

● 图 5-14　糖艺灯　　● 图 5-15　喷火枪　　● 图 5-16　酒精灯

二、成形器具

1. 糖艺模具

糖艺模具（见图 5-17）用硅胶制成，造型各异，主要用于糖艺小部件的制作。

2. 剪刀

剪刀（见图 5-18）主要用于分割糖体。

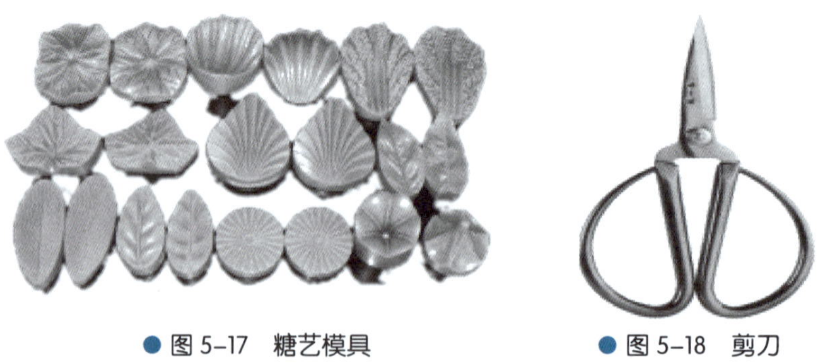

● 图 5-17　糖艺模具　　● 图 5-18　剪刀

3. 糖艺球刀

糖艺球刀（见图 5-19）用于制作糖艺人物、动物，刻画细节，使糖艺制品造型更加圆润。

4. 气囊

气囊（见图 5-20）为吹糖工具，由气包、软管、铜管和控制旋钮构成，主要用于向糖体内吹气，使糖体因充气而膨胀，从而制作出各种立体制品。

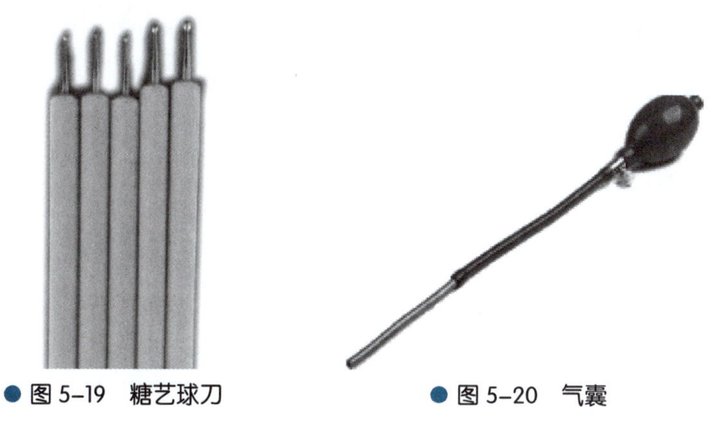

● 图 5-19　糖艺球刀　　● 图 5-20　气囊

三、测量器具

1. 温度计

温度计（见图 5-21）用于熬糖时检测糖液温度，宜选用最高测量温度为 200 ~ 300 ℃的专用温度计。

2. 耐高温玻璃量杯

耐高温玻璃量杯采用耐热玻璃制成，这种玻璃热膨胀系数比较小，在温度急剧变化时也不易破碎，具有强度高、抗热震性好、耐高温、耐腐蚀等一系列优良性能。耐高温玻璃量杯型号较多，根据操作用手不同，又分为左执式量杯和右执式量杯（见图 5-22）两种。

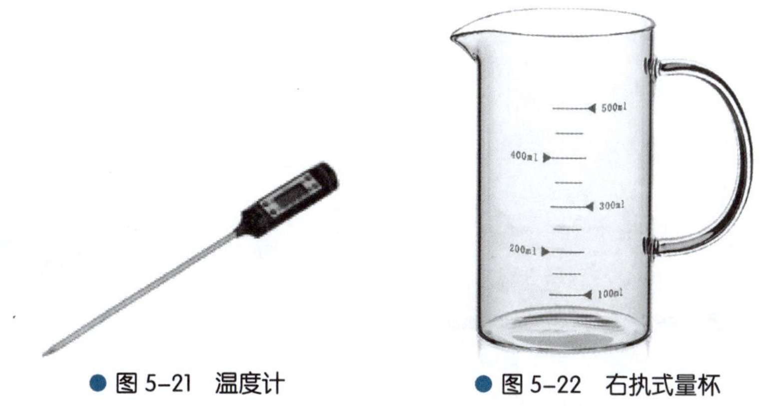

● 图 5-21　温度计　　● 图 5-22　右执式量杯

四、其他糖艺器具及设备

1. 复合底锅

复合底锅（见图 5-23）主要用于熬糖，其材质为不锈钢，耐腐蚀，熬糖时不会发生其他的化学反应，洁净卫生，便于清洗。复合底锅受热均匀，具有良好的保温性能。

2. 不粘垫

不粘垫（见图 5-24）用硅胶和玻璃纤维制成，结实耐用，洁净环保，吸附能力强，能吸附在木头、不锈钢、大理石等类材质的操作台上。不粘垫用于放置糖体，便于取用。

● 图 5-23　复合底锅

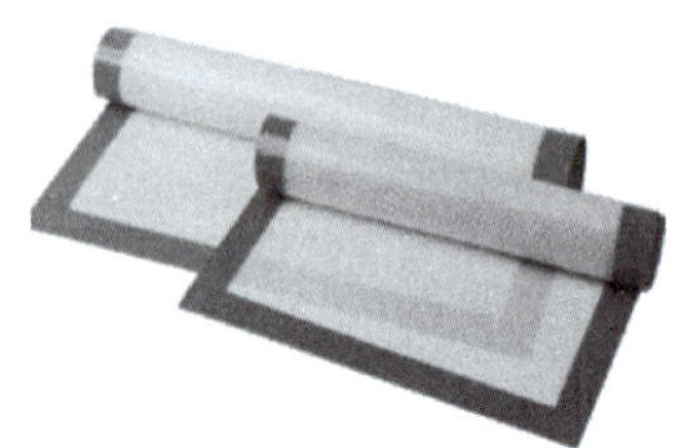

● 图 5-24　不粘垫

3. 手套

手套（见图 5-25）一般为树脂材质，用于拿取糖体，避免双手直接接触糖体。手套卫生、安全、无异味，可以隔热，防止烫伤。

4. 喷泵

喷泵（见图 5-26）主要用于糖艺制品的上色。喷泵的关键部件是喷笔，其口径一般应小于 0.2 毫米。使用时最好采用水溶性色素，并控制好喷射的距离。使用完毕后应清洗干净，在糖艺灯下烘干。

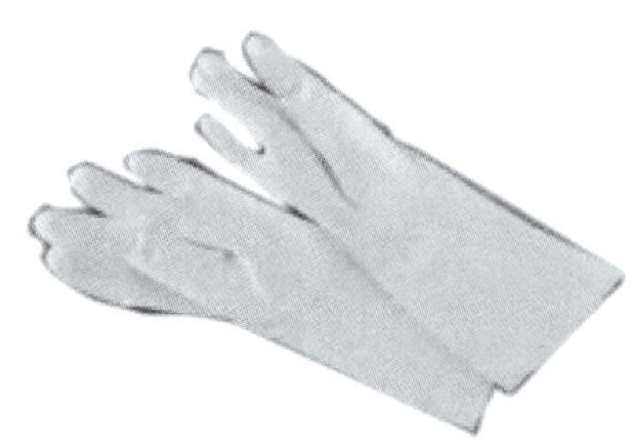

● 图 5-25　手套

● 图 5-26　喷泵

5. 硅胶刮刀

（1）硅胶刮刀的特点

硅胶刮刀（见图 5–27）用食品级硅胶制成，是蛋糕制作中常用的辅助工具。它柔软性好、安全无毒、无异味、耐用，可耐 300 ℃高温和 –50 ℃低温，适用于各类烤箱、微波炉及电冰箱等。硅胶刮刀可放入洗碗机中清洗。

图 5–27　硅胶刮刀

（2）硅胶刮刀的功能

1）将蛋糕糊移到蛋糕模具里的时候，用硅胶刮刀可以将打蛋盆中的蛋糕糊刮取干净。

2）将蛋黄糊和蛋白糊混合均匀的时候，以正确的手法使用硅胶刮刀，可以使蛋糕不消泡。

3）在蛋糕成形的时候，需要用硅胶刮刀把蛋糕表面抹平，这样可使烤出来的蛋糕表面平整。

除以上器具及设备外，制作糖艺制品时还可根据需要选择刷子、毛笔等辅助工具。

第四节　分子美食厨具及设备

分子美食即用科学的方法把握食材分子的物理和化学特性，在此基础上制作出的“精确”的美食。它可以让食物不再只是简单的食物，而是可以为人们提供视觉、味觉甚至触觉上的享受的美食。

制作分子美食的常见厨具及设备见表 5-3。

表 5-3　　制作分子美食常见厨具及设备

名称	特点	图示
低温烹饪机	低温烹饪机是一种恒温并能调节温度的加热器，一般用于真空低温烹饪和虹吸瓶的保温。低温烹饪机升温迅速，温度稳定，是分子美食低温烹饪中的关键设备	
低温烹饪机头	低温烹饪机头为浸入搅拌式装置，可任意调节水容器尺寸，是非常灵巧的低温烹饪设备	

续表

名称	特点	图示
鱼子盒	鱼子盒由很多针孔和一个针管组成。它使一次性制作一百颗左右的人工鱼子（特别是小的鱼子）成为可能	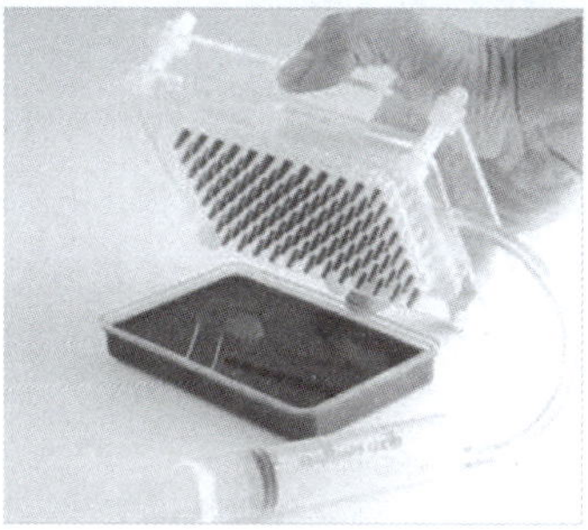
意面管	意面管可以使含有胶化剂的液体形成意大利面条状，以增添食物的趣味感	
棍式高速搅拌器	棍式高速搅拌器用于将主材料与辅助材料搅拌结合，可制作泡沫	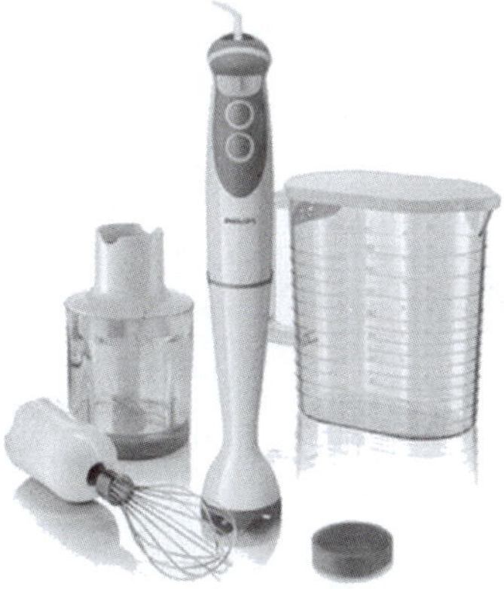
液氮瓶	液氮瓶是液氮盛装用具，用于制作液氮类菜肴	

续表

名称	特点	图示
虹吸瓶	虹吸瓶即改良的奶油瓶，它既可以处理冷的液体，也可以处理热的液体。在虹吸瓶中加入二氧化氮，能使含稳定剂的液体快速形成慕斯、泡沫等形态	
勺子秤	勺子秤主要用于精密测量，它精确度高，是称量分子美食原料必不可少的工具	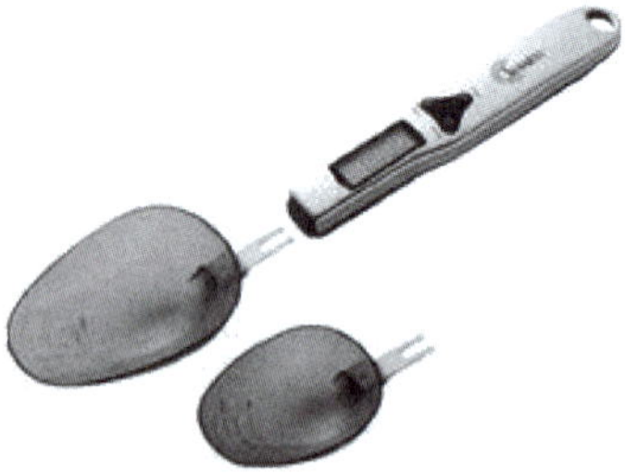
脱水机	脱水机与脱水机模板配合使用，可用于食品脱水	
苏打瓶	苏打瓶主要用于制作各类苏打饮料，需要使用苏打气弹	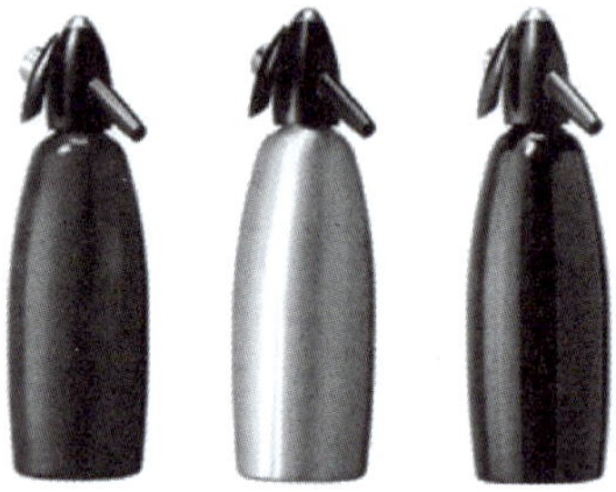

第五节　其他西餐厨具及设备

其他西餐厨具及设备有酒吧器具及设备、真空包装机、榨汁机、自助餐厨具及设备等多种类型。

一、酒吧器具及设备

1. 卧式工作台冰箱和玻璃门冰箱

卧式工作台冰箱（见图 5-28）上方为不锈钢材质的工作台面，这种台面容易清理、耐用、防水，可在此处进行餐食酒水的处理。台面下面是制冷工作室和存放酒水室，冰箱门也是不锈钢材质。

图 5-28　卧式工作台冰箱

玻璃门冰箱（见图 5-29）和卧式工作台冰箱相似，不同之处是其冰箱门为玻璃材质，可以方便地看到冰箱内部的酒水，便于拿取，还可以作为展示柜使用。它的缺点是较为耗电，冷藏效率不如不锈钢材质的冰箱。

● 图 5-29　玻璃门冰箱

2. 电咖啡炉

（1）电咖啡炉的构造

电咖啡炉（见图 5-30）的炉体包括储水室、容槽、容室、容置盒等部分。容槽用于放置咖啡粉。容室位于容槽开口下方处，底部设有恒温器及电热管，用于加热咖啡液。容置盒位于容室内，用于接收由容槽出口所滴落的咖啡液。容置盒内设有可控制出水孔启闭的控制装置，可使咖啡液由出水孔流出，方便用不同容器盛装。

● 图 5-30　电咖啡炉

（2）电咖啡炉的使用要求

使用时应将适量的咖啡粉放入滤杯把手内，并用压柄小心压实。不要让咖啡粉渣掉落在滤杯边缘，以避免在蒸煮过程中有空气进入炉内而降低压力。

使用时应注意避免高温所造成的伤害。

如果长时间不用，应关闭电源并将电咖啡炉内的压力完全释放。

所有配件均不可用铁丝、钢刷等类物品刷洗，必须使用湿抹布小心擦洗。

3. 虹吸式咖啡机

（1）虹吸式咖啡机的功能及特点

常见的咖啡机按照冲泡咖啡的方式不同，大致可分为虹吸式、过滤式和加压式三种。其中，虹吸式咖啡机（见图 5-31）俗称塞风壶，简单易用，是咖啡馆、酒吧冲煮咖啡最常用的设备之一。它利用水加热后产生的水蒸气形成压力，将下壶的热水推至上壶，待下壶冷却后再把上壶的水吸回来。

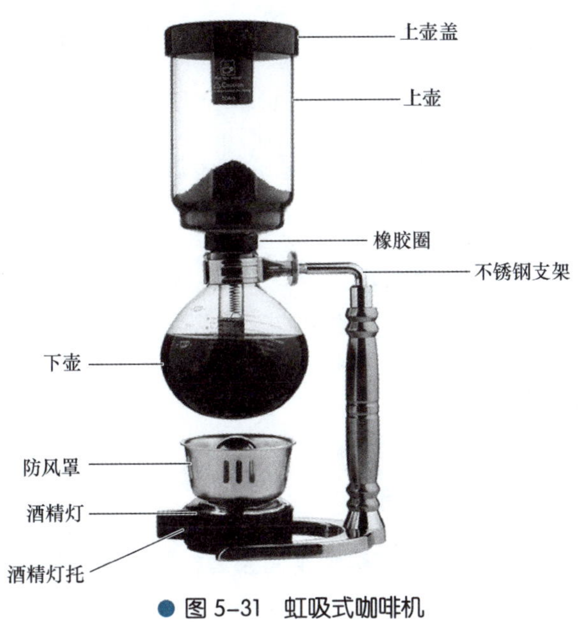

图 5-31　虹吸式咖啡机

（2）虹吸式咖啡机的使用方法

第一步，将下壶装入热水至一定位置，把滤芯放进上壶，用手拉住铁链尾端，轻轻钩在玻璃管末端。注意不要突然放开钩子，以免损坏上壶的玻璃管。

第二步，将酒精灯点燃，把上壶斜插进去，让其橡胶边缘抵住下壶的壶嘴，使铁链浸泡在下壶的水里，注意不要将上壶塞紧下壶。

第三步，待下壶冒出连续的大气泡时，把上壶扶正，左右轻摇并稍向下压，使之轻柔地塞进下壶，之后下壶的水开始往上升。

第四步，待下壶的水完全上升至上壶，并且上升至上壶的气泡减少一些后，倒入磨好的咖啡粉，用搅拌匙左右拨动，把咖啡粉均匀地拨至水里。第一次搅拌的同时开始计时。

第五步，第一次搅拌 30 秒后，进行 20 秒的第二次搅拌，然后将酒精灯移开。

第六步，待咖啡被吸至下壶后，一手握住上壶，另一手握住下壶握把，轻轻左右摇晃上壶，即可将上壶与下壶拔开，然后把咖啡倒进咖啡杯。

（3）虹吸式咖啡机的使用及维护保养要求

酒精灯的持续加热容易使咖啡过于苦涩，因此应正确搅拌咖啡粉或严格控制加热萃取时间。

使用完毕后须及时清理设备并妥善保管，特别是要洗净咖啡机的滤布。

4. 过滤式（冲泡式）咖啡机

过滤式咖啡机用热水冲煮咖啡粉，然后通过金属滤网、滤杯（滤纸）或滤布将咖啡粉过滤出来，故又称为冲泡式咖啡机。

金属滤网是目前已知最好的过滤工具，它可以使大部分可溶解的精华流过滤网，阻隔掉无用的物质。滤纸则是最方便的过滤工具，用完可以丢掉，比较卫生。滤布是较传统的过滤工具，其过滤杂质和咖啡渣的效果不如金属滤网和滤纸。

5. 葡萄酒分杯机

（1）葡萄酒分杯机的功能及特点

葡萄酒分杯机（见图 5-32）又称葡萄酒分酒机、葡萄酒保鲜机、葡萄酒售酒机、葡萄酒品酒机、葡萄酒试酒机、葡萄酒保鲜分杯机等，它可以按照需求设定每瓶葡萄酒每次出酒的酒量。它的工作原理是将高纯度惰性气体氩气充入瓶内，利用氩气比空气重的特点，使酒瓶内葡萄酒液面与空气隔离，防止葡萄酒被空气氧化，从而发挥保鲜作用。对于提供单杯葡萄酒的场所，它可以保持已开瓶葡萄酒的品质，降低葡萄酒的损耗量。

图 5-32　葡萄酒分杯机

葡萄酒分杯机是近年来十分常见的吧台设备，运用范围非常广。除了餐厅、酒吧外，葡萄酒厂、酒庄、葡萄酒经销商等都可以将之作为辅助设备。

（2）葡萄酒分杯机的使用要求

葡萄酒分杯机应安装在结实、平整的物体上。背面必须有通风处，不可覆盖有其他物品。

应使用规格大于 10 安的电源插座，插座须为带有接地保护的三孔插座。

不可猛烈撞击氩气瓶，氩气瓶内的压力应在 0.5 兆帕以上，氩气瓶与氩气表、氩气管连接时应用扳手拧紧，以防漏气或外部空气进入而产生混合气体，从而影响酒的保鲜效果。

安装酒瓶时应把出酒管轻轻拉长，再套入酒瓶，这样出酒管可顶住酒瓶内的底部，保证出酒时能出完瓶内的酒。

出完一瓶酒后，应把酒瓶卸下来并接住出酒管，按出酒键，以保证出酒管内残留的酒全部流出。

更换不同种类的葡萄酒时，应先用空瓶装一瓶 50 ~ 80 ℃的温水，安装在葡萄酒分杯机上，然后出完这瓶温水，以清洗出酒管和出酒嘴内壁。

6. 其他酒吧器具及设备

（1）酒吧标准载杯

酒吧标准载杯规格型号众多，如老式酒杯（也称岩石杯或古典杯）、鸡尾酒杯、烈饮杯、啤酒杯、高脚啤酒杯、爱尔兰咖啡杯、彩虹杯、红葡萄酒杯、白葡萄酒杯、白兰地杯、香槟杯、郁金香型香槟杯、高脚玻璃杯、有柄圆筒杯、小杯、平底杯、卡伦杯、酸酒杯、雪利杯、利口杯等。

（2）调制器具及设备

1）量杯。量杯是调制鸡尾酒或其他混合饮料时用来量取各种液体的标准容量杯。它有两种式样：一种是形似漏斗的不锈钢量杯，一头大一头小；另一种是体高、底平且厚的玻璃量杯。

2）调酒杯。调酒杯是一种厚玻璃器皿，用来盛冰块及各种饮料。

3）调酒壶。调酒壶通常是不锈钢材质的。常见的调酒壶有普通型调酒壶和波士顿调酒壶。目前常见的普通型调酒壶有 250 毫升、350 毫升和 530 毫升三种规格。

4）滤水器。滤水器有一个圆形的过滤网，用来盖住调酒杯的上部。滤水器有两个耳形的边，用来固定位置。

5）酒吧匙。酒吧匙匙浅，柄长并呈螺旋状。酒吧匙为不锈钢制品，用来搅拌饮品。

6）宾治盆。宾治盆用玻璃制成，用于调制量大的混合饮料，容量大小不等。宾治盆有时还配有宾治杯和勺。

（3）冷饮器具及设备

1）冰桶。冰桶用于盛放冰块，有不锈钢和玻璃两种材质及多种型号。

2）冰槽。冰槽是用不锈钢制成的盛装冰块的容器，一般分为两个槽，分别用于盛装碎冰和冰块。

3）冰勺。冰勺用不锈钢或塑料制成，用于从冰桶中舀出各种不同的冰块。

4）冰夹。冰夹用不锈钢制成，用于夹取方冰。

5）碾棒。碾棒是一种木制工具。它的一头是平的，用来碾碎固状物或将固状物捣成糊状；它的另一头是圆的，用来碾碎冰块。

（4）加工器具及设备

1）搅拌器。酒吧常用搅拌器来混合奶、鸡蛋等。搅拌器可装上呈一定形状的搅拌桨。

2）水果挤压器。水果挤压器用来挤榨柠檬汁或橙汁等水果汁，是一种手动器具。

3）削皮刀。削皮刀用于削柠檬皮等，是专用于制作装饰饮料的特殊用刀。

4）酒吧刀。酒吧刀一般是不锈钢刀。酒吧常使用小型或中型的不锈钢刀，刀刃必须锋利。

5）砧板。酒吧常用砧板为方形，用塑料或木材制成。

（5）存取、装饰、清洗等器具及设备

1）扎啤机。扎啤机由啤酒柜、柜内啤酒罐、二氧化碳罐、柜上的啤酒喷头，以及连接喷头和罐的输酒管组成。输酒管越短越好。

2）酒嘴。酒嘴安装在酒瓶口上，用来控制倒出的酒量。在酒吧中，每个打开的存放烈性酒的酒瓶都要安装酒嘴。酒嘴用不锈钢或塑料制成，分为慢速、中速、快速三种。塑料酒嘴不宜带颜色，使用不锈钢酒嘴时要把软木塞塞进瓶颈中。

3）漏斗。漏斗用于把酒或饮料从大容器（如酒桶）倒入方便适用的小容器（如酒瓶）中，是一种常用的转移工具。

4）装饰叉。装饰叉为不锈钢制品，长约 25 厘米，有两个叉齿，用于把洋葱和橄榄放进瓶口比较窄的瓶中。

5）装饰签。装饰签用于串上樱桃点缀酒品。

6）启瓶（罐）器。启瓶（罐）器用于打开各类瓶子或罐子，一般为不锈钢制品，不易生锈，容易擦干净。

7）开塞钻。开塞钻用于开启葡萄酒酒瓶上的软木塞，整体用不锈钢制成。其中心是空的，并且有足够的螺旋能将木塞完全启出。

8）杯刷。杯刷一般放置在有洗涤剂的洗杯槽中。使用时，将杯子倒扣在杯刷上，向下压杯子底部，并旋转杯身即可。杯刷也有电动的。如使用电动刷杯器，只需将杯子倒扣在电动刷杯器上，按住杯底，按一下按钮即可洗净杯子里外。刷洗过的杯子应放到洗杯槽中冲洗、消毒，然后放到沥水槽上控干水分。

二、真空包装机

1. 真空包装机的功能、特点及构造

真空包装能够防止原料氧化变质，延长原料保质期，方便原料的储存和运输，且干净卫生，有防潮作用。真空包装机在食物保鲜上得到了广泛的应用，也是真空低温烹饪必不可少的设备。

真空包装机在西餐厨房内使用广泛，常用的有简易型抽真空机、单室真空包装机和双室真空包装机等（见图 5–33）。

以单室真空包装机为例，单室真空包装机外壳均用不锈钢制作，采用全封闭技术，装有内抽式真空机（内置真空泵）和集成电路控制面板等，底部还配有脚轮，便于移动。

2. 真空包装机的使用方法

接通电源后，在控制面板上预先输入包装物所需的技术参数，如气压、封口温度、封口时长等。工作时只需放置好物品并按下真空盖，设备即能按程序自动完成真空包装的全过程。

a)

b)

● 图 5-33　真空包装机

a）单室真空包装机　b）双室真空包装机

3. 真空包装机的使用要求

单室真空包装机包装效果佳，能耗少，但容积小，无法包装大体积物品，生产量也低。双室真空包装机的容积比单室真空包装机大一倍。

真空包装机放置时不可离墙太近。不用时应关闭电源。

不可空运转加热，否则将烧坏加热带。

三、榨汁机

1. 榨汁机的功能及构造

榨汁机（见图 5-34）常用来榨取果汁或蔬菜汁，也可用于碾磨，是西餐厨房常用的小型设备。

● 图 5-34　榨汁机

榨汁机由机座、电动机、碾磨装置、盛杯、刀片等构成，有的电动机上还装有温度控制装置，电动机太热时，榨汁机会自动关闭电源，停止工作。

2. 榨汁机的使用方法

将设备平稳地放在工作台上，将碾磨装置按正确的方式装上。榨汁机一般设有安全保护装置，整机未正确安装之前电动机无法启动。

安装完毕后，按下按钮，榨汁机开始运转。

3. 榨汁机的使用要求

榨汁机运转时不要打开盖子，在没有关闭电源时切勿将手或其他器具伸进盛杯内。

榨汁机连续使用时间一般不得超过 2 分钟，最好按“开 10 秒停 3 秒”的原则操作。

当电动机温度过高时，温度控制装置会自动关闭电源，榨汁机便停止运转。此时应再手动关闭电源，待榨汁机冷却 15 分钟后再继续使用。

不用时要将榨汁机清洗干净，放于通风干燥处。

四、自助餐厨具及设备

自助餐所用的厨具及设备种类较多，其中常用的有以下几种：

1. 自助餐炉

自助餐炉为不锈钢制品，可半翻盖。长方形自助餐炉（见图 5-35）主要用于盛放热菜及主食。圆形自助餐炉有双圆形保温头，主要用于盛放甜品及湿点。

2. 保温汤煲

保温汤煲呈圆形，为单体电加热型设备，用于盛放粥类食品。

3. 电饭煲

电饭煲主要用于盛放蛋类食品，可保持食品温度。

4. 其他自助餐厨具及设备

自助餐常见的其他厨具及设备还有暖碟车（见图 5-36）、煎炸车（见图 5-37）、面包篮、水果盘、席面羹、食品夹、点心夹、长柄汤勺、大汤勺、水杯、味碟、调羹、筷子、果酱碗、面碗、汤碗、饭碗、12 寸圆盘、10 寸圆盘、7 寸圆盘、红酒杯、白酒杯、咖啡杯、圆托盘、方托盘、开瓶器、收餐车等。

● 图 5-35　长方形自助餐炉

● 图 5-36　暖碟车

● 图 5-37　煎炸车

思考与练习

1. 西餐常用刀具有哪些?
2. 西餐常用锅具有哪些?
3. 西式燃气连焗炉的使用方法是什么?
4. 燃气烧烤炉的使用要求是什么?
5. 煮锅的使用方法及要求是什么?
6. 列举 10 种糖艺器具及设备并简述其功能。
7. 列举 10 种酒吧器具及设备并简述其功能。

第六章

面点加工器具及设备

学习目标

1. 掌握面点加工常用器具及设备的使用方法。
2. 掌握面点加工常用器具及设备的维护保养要求。

近年来，机械化和电气化的面点加工器具及设备越来越多地进入酒店、宾馆、餐厅和企事业单位的食堂，成为面点加工不可缺少的工具。这些先进器具及设备不仅提高了劳动生产率，而且改善了厨房卫生条件，大大减轻了厨房工作人员的劳动强度。

第一节　面点加工常用器具

面点加工中使用的器具种类很多，常用的器具有成形器具、称量器具、成熟器具和面塑器具等。

一、成形器具

面点加工常用的成形器具见表 6–1。

表 6–1　　面点加工常用的成形器具

名称	特点	用途	图示
面板	面板又称案板，是白案必不可少的工具，一般选用上等的木材制成，也有大理石或不锈钢材质的。面板表面必须光滑平整，大小根据使用要求而定	用于和面、揉面、擀皮、成形	
擀面杖	擀面杖又称单手杖，属于擀面工具，用细质木料制成，为圆柱状木棍。擀面杖有大、中、小之分。大的长约 1.5 米，直径约 5 厘米；中的长约 60 厘米，直径约 3.5 厘米；小的长约 25 厘米	用于擀面条、面皮、饼等	

续表

名称	特点	用途	图示
擀面钎	擀面钎又称双手杖，中间粗，两头细，有单擀钎和双擀钎之分。单擀钎长约 30 厘米，双擀钎比单擀钎小，形状与之类似，长约 20 厘米。擀面钎一般用细质木料制成	单擀钎用于擀制包子皮，双擀钎用于擀制水饺皮和锅贴皮	
滚筒	滚筒又称走槌、通心槌，用细质木料制成，也有不锈钢材质的。滚筒呈圆柱状，长约 26 厘米，直径约 8 厘米，侧面中心有孔，孔中有一根轴	用于擀制量大、形大的面点面皮（如花卷面皮）	
粉帚	粉帚即面板上的笤帚，前端蓬松，有把。粉帚有用高粱穗制成的，也有用棕毛制成的，大小按实际需要而定	用于清扫面板上的面粉	
面筛	面筛又称粉筛，是筛滤面粉的工具，一般用马尾、尼龙、铜丝、钢丝制成网底，有粗细之分	用于筛粉、筛料、擦制泥蓉	
发面缸	发面缸是发面的盛器，底小口大，比盆深，为陶制品	用于装入面粉、酵母、水并揉和后发酵	
印模	印模是面点制品专用工具，有方、扁、圆、长等形状，正面凹刻有花纹图案，一般成套使用	用于装饰馒头、鲜饼、糕点	
套模	套模又称卡模、花戟，是用金属（如铜、不锈钢等）制成的平面图案套筒。可用套模将擀制平整的坯料加工成规格一致、形态相同的半成品	常用于片状坯料的生坯成形	

续表

名称	特点	用途	图示
盒模	盒模又称胎模，是用金属（如铁、铜、不锈钢、铝合金等）压制而成的凹形模具，可放入坯料	主要用于蛋糕类、膨松类、混酥类等糕点的成形	
花钳	花钳是制作点心的工具，又名花夹子，用不锈钢或铜制成。其一端为齿纹夹子，另一端为齿纹轮刀	多用于各种点心造型	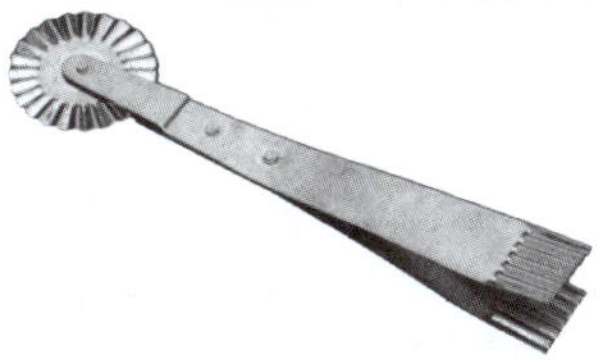
面点梳	面点梳用铜、铝、牛角、无毒塑料等制成，形状如同梳头的梳子	用于在面点上压制花纹和花边	
饺匙子	饺匙子又称扁匙子、馅挑，用竹片或骨片制成，呈长扁圆状	主要用于挑拨馅制品	
抹刀	抹刀用不锈钢制成，无刃，呈长方形	主要用于面点夹馅或表面装饰时抹膏料、酱料	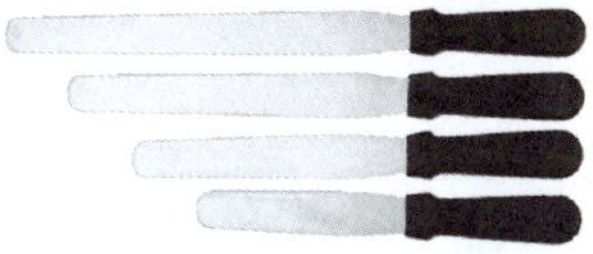
齿刀	齿刀用不锈钢制成，是一面带齿的条形刀	主要用于面包、蛋糕等大块面点的切块	
刮板	刮板用塑料或不锈钢制成，无刃，呈长方形、梯形或半圆形	用于面团调制、分割及台面清理	

续表

名称	特点	用途	图示
裱花袋	裱花袋是用防水防油布制成的圆锥形袋子，锥顶开口，放置裱花嘴。塑料制一次性裱花袋也有广泛应用	主要用于盛装糊状挤注原料	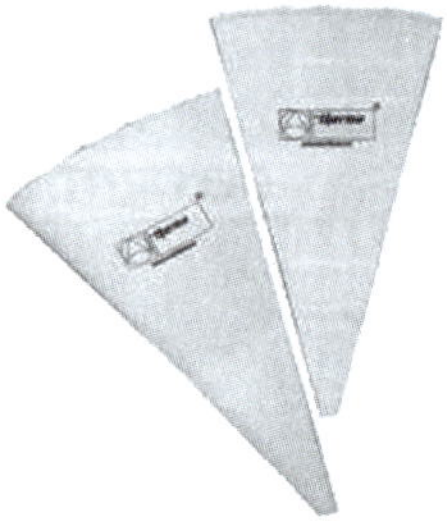
裱花嘴	裱花嘴是西点挤花装饰工具，用不锈钢或铜制成，嘴部大小、花纹有多种规格	主要用于蛋糕裱花装饰和小型点心的成形	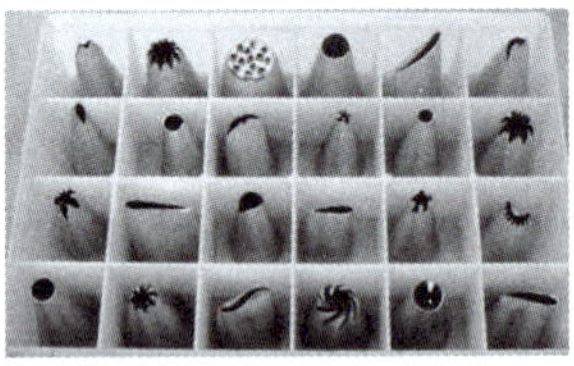
散热网	散热网是用不锈钢制成的长方形丝网	用于成熟面点的散热	

二、称量器具

面点加工常用的称量器具见表6–2。

表6–2　面点加工常用的称量器具

名称	特点	用途	图示
台秤	台秤又称盘秤，根据其最大称量量，有1千克、2千克、4千克、8千克等规格，最小刻度为5克	主要用于面点主辅料的称量	
电子秤	电子秤是一种小剂量精确称量器具	主要用于面点配料中添加剂（如塔塔粉、小苏打、泡打粉、酵母等）的称量	

续表

名称	特点	用途	图示
量杯	量杯是用玻璃、铝、塑料等材料制成的带有刻度的杯子	主要用于液态原料（如水、油等）的称量	

三、成熟器具

面点加工常用的成熟器具见表 6–3。

表 6–3　面点加工常用的成熟器具

名称	特点	用途	图示
炸点筛	炸点筛是炸制点心的专用工具，一般用铝合金或不锈钢制成，为丝网结构，便于沥油。用炸点筛制作点心既便于定形，又能控制油温	用于炸凤尾酥、莲花酥、鸳鸯酥等各类炸点	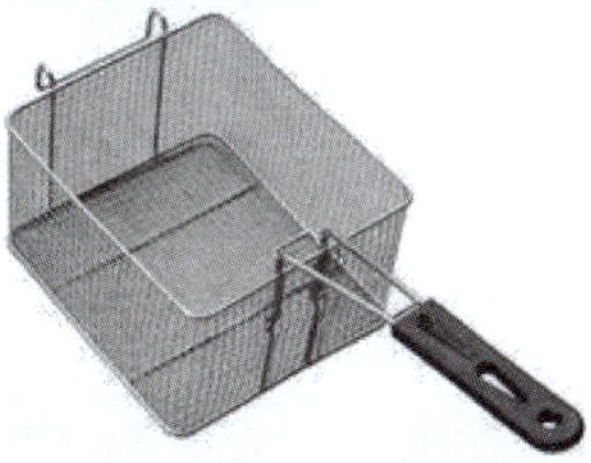
包饺笼	包饺笼一般用不锈钢或竹木制成，呈圆柱状。其上有笼盖，下有笼座，中间重叠若干层蒸屉。蒸屉底部有进蒸汽的孔眼，每层蒸屉上都有端手。包饺笼直径约 25 厘米	用于蒸制包子、饺子	
蒸笼	蒸笼一般用竹木或铝合金制成，有圆形和矩形两种。圆形蒸笼的下面有笼座，上面有笼盖，可重叠若干层圆形蒸屉；矩形蒸笼的蒸屉形似桌子抽屉，分若干格	用于蒸制各种食品	

续表

名称	特点	用途	图示
蒸点方箱	蒸点方箱是蒸制点心的工具，有木制和金属制两种，大小根据具体品种而定，高度一般在7厘米左右	多用于蒸制浆状和糊状的食品	

四、面塑器具

面塑是中国传统的民间技艺，近几年在餐饮业中的应用越来越广泛。它以糯米粉为主要原料，将其调制成不同颜色的面团，再用手和简单器具将面团塑造成各种花卉、蔬菜、动物、人物等形象。其制品主要用于美化、装饰菜点，活跃宴席气氛，给人们以喜庆、吉祥、高雅、优美的感觉。

面塑器具（见图6-1）主要有塑刀、压板、滚子、梳子等，多采用优质亚克力或不锈钢等材料制作，先手工精细打磨，再经过高亮度抛光而成。亚克力和不锈钢韧性好，摔不坏，不变形，打磨抛光后表面光洁。

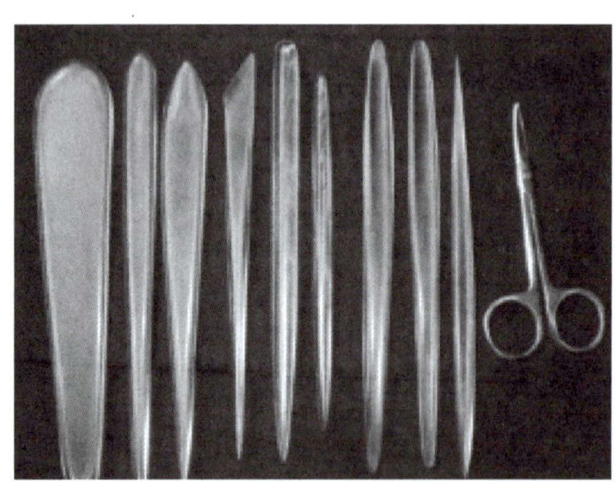

●图6-1　面塑器具

1. 塑刀

塑刀又称拨子，是面塑制作中最主要的器具之一。塑刀刀尖和角度都是针对面塑制品的制作需要而特别设计的，这样可以提高工作效率，使面塑制品更逼真、细腻。塑刀一般一头较宽，另一头尖细。较宽一头两边的斜面可作刀刃，用来切制眼睑、嘴巴、拇指、发丝等，也可以用来切割面片或条状的面团。有的塑刀一头钝圆，另一头尖。钝圆一头可以用来压制眼眶、眉骨轮廓、眼角、嘴角等，尖的一头可以用来压挑。塑刀一般长 18 厘米，宽 1.4 ~ 2.5 厘米。

2. 压板

压板一般有 2 种尺寸，一种是 8 厘米 ×18 厘米，另一种是 10 厘米 ×15 厘米。压板一侧呈刀刃状。压板主要用来压制衣服、花纹等，或用来切割面片。

3. 滚子

滚子一头尖细，另一头圆滑光润，主要用于压制眼窝、袖口、山石，以及人物和动物的肌肉等。

4. 梳子

梳子用于制作项链、佛珠、铠甲，以及编织物的花纹等。

5. 剪刀

剪刀用于制作头发、衣服片、手指、脚趾等。

6. 锥子

锥子主要用于在底座上打孔，然后将带有面团的竹签粘上乳胶，插在底座上。待乳胶风干后，塑好的制品即可直接固定在底座上。

7. 竹签

竹签可用于组接面塑制品，是制作面塑不可缺少的器具，其尖部要细滑。

使用前要在竹签上抹一些油，以便完成后取出。但油不要太多，否则面团挂不住，不便于操作。

第二节　面点加工常用设备

面点加工常用设备的种类较多，对减轻员工劳动强度、提高工作效率、改善工作环境等都有非常重要的作用。有些面点加工设备价格较高，投资较大。

一、和面机

1. 和面机的功能及构造

和面机（见图 6–2）又称拌粉机，主要用于拌和各种粉料，是面点加工中的主要设备。面点类食品（如面包、糕点、馒头等）所需要的面团均可使用和面机按不同要求进行搅拌。

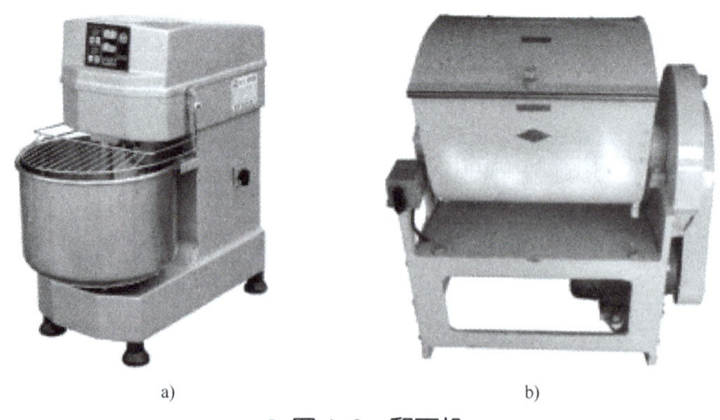

a)　　b)

图 6–2　和面机

a）立式和面机　b）卧式和面机

和面机有立式和卧式两种，其零件结构有所差别，但主要部件基本相同，均有电动机、传动装置、防护篮、搅拌桨、面斗、控制系统和机架等。

2. 和面机的使用要求

使用时应根据不同面点的工艺要求选择不同形状的搅拌桨。如要将原料混合并搅拌均匀，应选用叶片式搅拌桨；如只是将原料揉和而不考虑是否损坏原料的面筋，应选用曲桨式搅拌桨；如既要将原料揉和又要考虑不损坏面筋，应选用棒桨式搅拌桨。

使用时应根据型号确定最大拌粉量，不得超载，以免损坏机件。

使用时设备必须放置平稳，外壳必须有良好的接地，以免漏电而引发事故。

接通电源后应注意搅拌桨旋转方向与传动带罩上的标识箭头是否一致，正常使用时应保持一致。

使用前应先清洁面斗，然后将面粉倒入面斗内，再加入适量的辅料、水或其他液态原料。需要使用冰块时，必须使用碎冰。

必须在设备停止运转后方可出料，严禁在和面机工作时将手放进面斗内。

3. 和面机的维护保养要求

面斗、搅拌桨和机身在使用前后都要保持清洁卫生。若用水清洗设备，应先关闭电源，严禁把水滴入电动机。

应注意设备润滑情况，及时给减速箱和其他摩擦部件加注润滑油。V 带过松时，可先松开电动机底脚螺栓，将螺栓位置沿槽做适当调整，然后将螺栓旋紧即可。

面包制作中的搅拌环节

制作面包时，须通过搅拌将面粉、盐、水、酵母及其他原料混合起来，制成面团。面包制作中的搅拌环节有非常重要的作用，也有很多技巧。

1. 搅拌的作用

（1）充分混合所有原料，使其成为均匀的混合物

通过搅拌，干性原料与湿性原料充分混合均匀，形成粗糙且湿润的面块。

（2）使面粉等干性原料完全与水混合，加速面筋的形成

当面粉等干性原料和水一起放入搅拌缸搅拌时，水会湿润面块的表面部分，形成

一层胶韧的膜。当搅拌不良时，面块的中心部分很难受到水的湿润，会导致面粉水化不均匀。均匀的水化作用是面筋形成和扩展的先决条件。搅拌的目的之一是使所有面粉在短时间内都吸收到足够的水分，以实现均匀水化。

（3）扩展面筋，使面团具有一定弹性、韧性和延展性

因为面包的种类不同，所以搅拌结束时并不一定要求面筋都能完全伸展，但搅拌完成时间越快越好。因为面粉吸收水分后会很快形成面筋，快速搅拌可真正使面粉均匀水化形成面筋。一般来说，搅拌的最佳状态就是使面筋具有良好的延展性，以及承受二氧化碳膨胀的强韧性，即具有良好的保持气体能力。

2. 搅拌的注意事项

如果想把面包做得柔软，就要在面团中多放水或鸡蛋。但搅拌机必须精密度高、转速快，否则多加水反而会造成水分不可吸收。

在面团产生黏性之前，将原料充分分散和混合极为重要，因此，搅拌机转速不可太快。若太快，则原料未能充分分散时，面粉和水分就已结合形成面筋，导致它们与其他成分混合不充分。

搅拌和发酵有密切的关联，搅拌完成时面团温度最好控制在 24 ~ 30 ℃，因此，夏天搅拌时要适度加冰水，以降低面团温度。

二、压面机

1. 压面机的功能及分类

压面机（见图 6–3）又称压皮机、揉面机、酥皮机，是加工面皮和揉面的专用设备。其功能主要是将松散的面团压成紧密、符合规定厚度要求的面片，并在压面过程中进一步促进面筋网络形成，使面团或面片具有一定的筋力和韧性。

图 6–3 压面机

根据压辊对数的多少，压面机可分为双辊压面机和多辊压面机。双辊压面机可用于各种不同厚度的皮料滚压，适用于小批量生产。多辊压面机主要用于生产线上大批量生产。

双辊压面机的两个压辊直径相同，转速相等，旋转方向相反。两个压辊的转速较慢，扭矩较大。双辊压面机的机架一般用铸铁制成。

2. 压面机的使用方法

转动手轮，将压辊间隙调整适当。在压面过程中，因各种产品对面皮厚度的要求不同，对两辊间隙也有不同要求，所以它们之间的中心距也需要进行调节。当调节手轮时，被动压辊位置就会变动，但两个压辊的轴心线总是相互平行。面辊间面皮堆积时，应调小压辊间隙；面辊间面皮拉断时，应调大压辊间隙；面皮平面跑偏时，应调整压辊两边的间隙，以保证两个压辊始终平行。

每次使用前，应在调节手轮后，将设备空转一两次，并在各润滑部位加注润滑油，检查运转正常后再使用。

开机后，把和好的面团放到进料板上，引入压辊之间，反复压制至所需厚度即可。

3. 压面机的使用及维护保养要求

压面机接电源线时应接好地线，并注意设备运转方向。

设备运转时，注意不要将手或硬物伸到压辊之间，以免夹伤手指或损坏设备；也不要用手驱动齿轮、传动带、链条等，以免夹伤手。若出现面辊粘面时，待清除粘面并调整压辊间隙后方可继续工作。

使用完毕后应在停机条件下将设备中的剩余面粉扫除干净。

压面机要定期加润滑油，一般每使用半年后应将滚动轴承和齿轮清洗并换油一次。

V 带长时间使用会拉长，应及时调整。

应每年检查一次电路的安全情况。

三、分割滚圆机

1. 分割滚圆机的功能、特点及构造

分割滚圆机（见图 6-4）主要用来分割面团和搓圆面团，其特点是分割标准、速度快（是手工的 24 倍左右），且省时省力。分割滚圆机是餐饮企业制作面包不可缺少的设备，使用很广。

分割滚圆机有较重的铁铸底座，并配有电动机、分割装置、压杆、模盘等部件。

2. 分割滚圆机的使用及维护保养要求

使用时应先将面包的个数和重量计算好，然后按一定的重量把大面团称好，揉成大圆饼，稍加醒发。基本的发酵可使面团有延展性，易于铺盘。

适当调整调节轮，把铺好的面团放入分割滚圆机，调到压平挡先压平；再稍加醒发，伸展一下；最后调到分割挡分切、搓圆即可。

设备不用时应清洁干净，并经常检查转动部件，用润滑油润滑，以保持设备良好的工作状态。

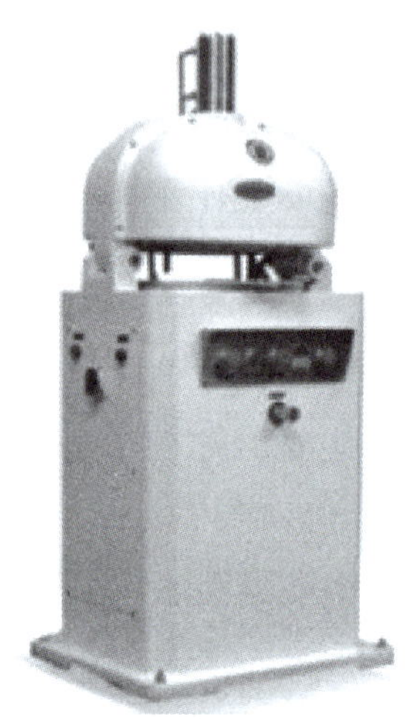

● 图 6-4　分割滚圆机

知识链接

面团的分割滚圆

分割可使面团变成一定重量的小面团，但发酵是在不断进行的。一槽面团的全部分割应控制在 20 分钟内完成，不可超时。因为同一槽内的面团若分割时间拖得太长，会使最后分割的面团超过了预定的发酵时间，从而无法保持面团的一致性。

分割后的面团不可立即进行整形，应先进行滚圆，使面团外表有一层薄的表皮，以保留新产生的气体，使面团膨胀。同时，光滑的表皮有利于后道工序操作中面团不会被黏附，使烤出的面包表面光滑，内部组织均匀。

几乎所有分割后的面团都要滚圆，这样可以使分割后的小面块变成完整的小球，为下一步的造型工序打好基础，并且使面团表面光洁。滚圆可以恢复被分割的面筋网络结构，排出部分二氧化碳，便于酵母的繁殖。

滚圆的效果也与操作者操作设备的熟练程度有关，设备滚圆的效果无法和手工相比。不过，面包制作程序在滚圆后还有整形、发酵及焙烤，滚圆只要求成膜即可保气。

太硬的面团不容易铺盘且滚圆效果不理想。水分含量在 55% 以上，糖、油适量，基本发酵充分的面团，滚圆效果更为明显。

滚圆之后的面团底部收口不是很紧，这对以后的操作程序和面包质量都没有影响，反而可使面团更为柔软，易于整形。

四、醒发箱

1. 醒发箱的功能及构造

醒发箱（见图 6-5）又称发酵箱，用于面团醒发，可使面团重新产气、膨胀。它是面点加工不可缺少的专业设备，在中式发酵面点及西饼制作中有着举足轻重的地位。根据功能不同，醒发箱可分为普通最终醒发箱、延时醒发箱和冷藏醒发箱。

● 图 6-5　醒发箱

冷藏醒发箱可以制冷，当环境温度高的时候，冷藏醒发箱可以实现在较低的温度下发酵。而且，普通的醒发箱只能控制水加热温度及气体加热温度，并无湿度调节功能。而冷藏醒发箱采用电子温度及湿度控制器，使箱内温度、湿度可分别调节，形成适于面团发酵的环境，可使成形后的面团更好地完成发酵过程。

醒发箱内外均采用不锈钢制造，采用拼装式结构，带有独立的加热、加湿装置和温度控制装置，有热风循环风机保证箱内的温度、湿度均匀。醒发箱设有内置灯，内顶设有滴水盘，以防止水滴滴落在面团上。门上有隔热的宽大玻璃窗口，操作者可清晰观察发酵过程。

2. 醒发箱的使用方法

将醒发箱平稳放置在适当的位置，箱背离墙 20 厘米以上。将醒发箱的电源线接上，并按照安全规程接好箱体安全保护地线，即可准备使用。

接通电源（电源指示灯亮），调节好温度及湿度控制器，加热指示灯亮，表明电热管已通电加热。

醒发箱可手动操作，也可预设程序控制温度、湿度。在不需要延时的情况下，一旦调好温度和湿度，短时间内就不宜再改动。当温度达到或超过设定值时，温度控制器便自动关闭电源。当温度下降至设定值的下限时，温度控制器又会自动接通电源，循环加热。若需延时，可根据焙烤时间要求设定每次的醒发程序，同时可根据酵母的特性随意调节温度和湿度，实现充分发酵。温度和湿度的调节皆是相对值而非绝对值，因此在不同季节必须视情况调整。

停止使用时要关闭开关并关闭电源，以确保安全。

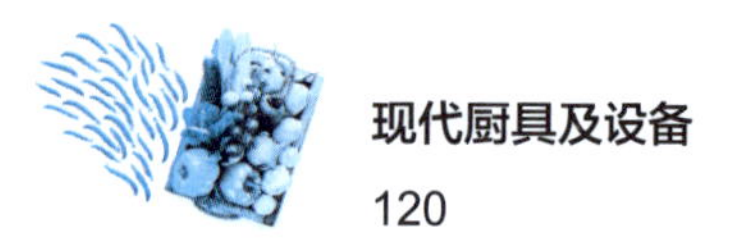

3. 醒发箱的使用及维护保养要求

使用醒发箱前必须先确认水槽是否有水。储水高度必须超过电热管，以免工作时将电热管烧坏。

醒发温度不宜过高，否则会影响酵母正常繁殖，甚至会导致酵母死亡。

每半个月应检查一次用水中是否有杂质。可打开过滤器清洗滤网，以免有杂质堵塞电磁阀。每月应检查一次排水口是否有污垢堵塞，排水管是否弯折，避免因排水不畅而导致柜内出现滴水现象。每月应清洁一次感温探头表面的氧化物（可用酒精清洗），以防传温不良，造成误差。每月应清洁一次箱门胶边，确保黏合紧密。

箱体内外表面要保持清洁。箱顶不得堆压物品，以免影响操作。

面包面团的醒发

醒发的目的是使面团重新产气而变得蓬松，使面包成品体积合乎要求，并使面包成品有较好的食用品质。因为面团经过整形操作后，尤其是经压片、卷折、压平后，内部的大部分气体已被排出，面筋也失去原有的柔软性而显得硬、脆。若此时立即进炉烘烤，面包必然体积小，内部组织粗糙，且顶部会形成一层壳。所以要做出体积大、组织好的面包，必须对整形后的面包进行醒发，使其重新产生气体，使面筋柔软，体积大小适当。

醒发的温度范围一般控制在 35 ~ 38 ℃（丹麦类面包除外）。若温度太高，则面团内外的温差较大，会使面团的醒发不均匀，导致面包成品内部组织不一致，有的地方细腻，有的地方却很粗糙。同时，过高的温度会使面团表皮的水分蒸发过快，造成表面结皮。若温度太低，醒发时间过长，会造成面包内部组织过于粗糙。

通常醒发湿度为 80% ~ 85%。若湿度太大，烤出的面包颜色深，表皮韧性过强，面包内出现气泡，影响外观及食用品质。若湿度太小，面团易结皮，表皮失去弹性，影响面包进炉膨胀，且表皮色浅，缺少光泽，有许多斑点。

一般醒发时间是 60 ~ 90 分钟，以面团体积达到成品体积的 80% ~ 90% 为准。若醒发过度，会导致面包内部组织粗糙，表皮白，味道不正常（太酸），存放时间缩短。如果是用新磨的面粉，则面团体积会在烤炉内收缩。若醒发不足，则面包体积小，顶部形成一层盖，表皮呈红褐色。现实中每个面包品种的正确醒发时间只能通过实际试验来确定。

五、面包切片机

1. 面包切片机的功能及构造

面包切片机（见图 6–6）主要用于将面包切片，是酒店、面包店不可缺少的设备。

面包切片机包括不锈钢架、不锈钢下料口、托盘、锯刀、电动机、调节锯刀之间宽度的装置和电源开关等部件。

● 图 6–6　面包切片机

2. 面包切片机的使用及维护保养要求

使用时，将面包放入下料口，调整好刀距，打开开关，就可利用料板的斜面和面包的自重，使面包自动滑入切片装置，并将之切成规定的面包片。

如果面包滑不下来或摆放不正，不可用手去推面包，可用下一个面包去推，以防伤手。

使用完毕后应将设备清洁干净，一般不用水冲洗，用干抹布或湿抹布擦拭干净即可。

六、比萨烤炉

1. 比萨烤炉的功能及构造

比萨烤炉（见图 6–7）是专门用来烤制比萨的设备，在比萨店用得较多，主要是用电加热，干净卫生。

比萨烤炉包括不锈钢炉体、滚轴型输送带、电加热装置、温度控制器和定时定速装置等部件。

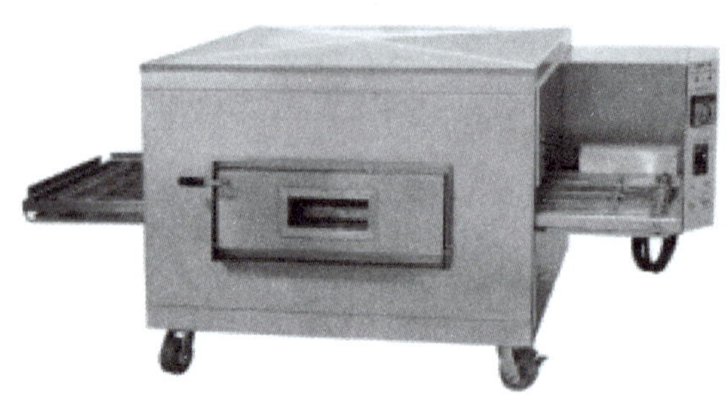

● 图 6-7　比萨烤炉

2. 比萨烤炉的使用方法

接通电源后，打开开关，先进行预热，然后根据要求调到预设温度和时间，再把做好的比萨原料放到滚轴上，原料即可自动传输进烤炉。一个比萨烤炉可同时烤数个比萨。

按预设的温度、时间烤制完成后，比萨可自动运出。

3. 比萨烤炉的使用及维护保养要求

使用完毕后要关闭电源，晾凉烤炉。

烤网要用刷子刷干净，滚轴要用抹布擦干净。

不要将抹布等易燃物放在设备上，以防发生火灾。

七、电饼铛

1. 电饼铛的功能及构造

电饼铛（见图 6-8）由支架、面盖、底盖、上下发热盘、电热管、调温旋钮等构成，具有简单易用、升温快速、清洁方便等特点，适合采用煎、烙、烤等烹调方法。

● 图 6-8　电饼铛

2. 电饼铛的使用及维护保养要求

使用前，应先用洁净湿布将发热盘擦拭干净。然后，打开电源开关，加热指示灯亮，按需求调节温度，待预热过程结束即可使用。

使用过程中严禁用手触摸发热盘，以免烫伤。

使用完毕后要断电，待发热盘冷却后再用湿布擦拭干净，不得用水冲洗。切勿用金属或粗糙硬物刷洗设备，以免破坏不粘涂层。

设备不可长时间空烧，不可在易燃、易爆物附近及潮湿的环境中使用。

八、恒温冰水机

恒温冰水机（见图 6-9）简称冷水机，是一种能提供恒温、恒流、恒压的冷却水设备。

在制作面团时，为使面团品质稳定，必须精确掌握面团的温度。面团在搅拌过程中温度会上升，从而影响面团发酵。尤其是在南方地区，夏天温度高、湿度大，揉面团和发酵的难度更大，因此，餐饮企业会配备恒温冰水机，用冰水制作面团，以确保面团温度能维持在 28℃以下，从而保持面团品质的稳定。

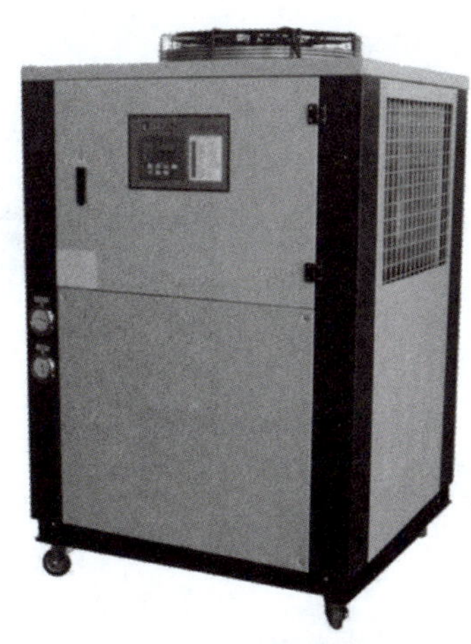

● 图 6-9　恒温冰水机

九、量水机

水量的多少是决定烘焙产品成败的关键因素之一。量水机能快速测量出水量。通过量水机上的视窗可以随时观察流出水量的多少，从而精确确定面点加工的用水量，提高操作人员的工作效率和工作质量。

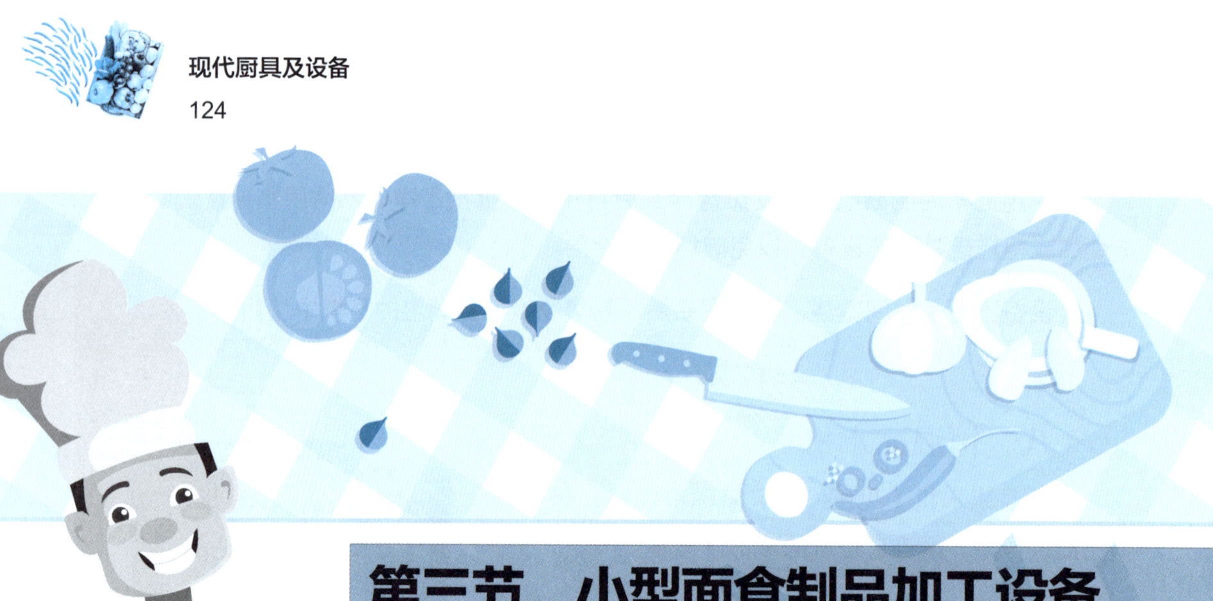

第三节　小型面食制品加工设备

小型面食制品加工设备目前在烹饪行业应用非常广泛，它们具有成品规格统一、加工速度快等优点，可以大大减轻劳动强度，提高劳动生产效率。

一、面条机

1. 面条机的功能及特点

面条机（见图 6-10）主要用于制作各种规格的面条，还可用于制作饺子皮、馄饨皮等，具有操作简便、省时省力、效率高等特点。面条机可分为简易型面条机、自动挑条一次性成形面条机、流水线面条机等几类。面条机整机与面接触的部位均采用不锈钢制成，各零部件经过了防腐处理。

图 6-10　面条机

2. 面条机的使用方法

首先，进行空载试机，检查设备有无异常。

然后，将拌好的面团放入设备，充分揉压成厚 3 ~ 5 毫米的面片。

最后，将面条刀放入刀槽内固定好，启动设备，即可切制面条。

3. 面条机的使用及维护保养要求

设备应安装在干燥通风的水平地面上。

使用前应检查电源电压与设备使用电压标准是否相符。

使用完毕后应将设备清理干净。

二、包子机

1. 包子机的功能及构造

包子机（见图 6–11）是将发酵面团和馅料制作成包子的设备，由进馅装置、输面装置、成形装置、机架和控制面板等部分组成。

图 6–11　包子机

2. 包子机的使用方法

首先，接好地线，确保安全。

然后，接通电源，进行空载试机，检查设备有无异常。设备不得反转，否则将破坏内部机件。

接着，打开成形开关，将面团放入面斗，试做空心包子。

最后，将馅料投入馅斗内，调节供馅按钮，直至馅料充满馅泵，再开启输面开关进行包子制作。

3. 包子机的使用及维护保养要求

操作时严禁将手伸入面、馅绞龙里，以免发生意外。

每次使用完毕后要及时将设备清理干净。

各个轴承应每半年拆洗一次。

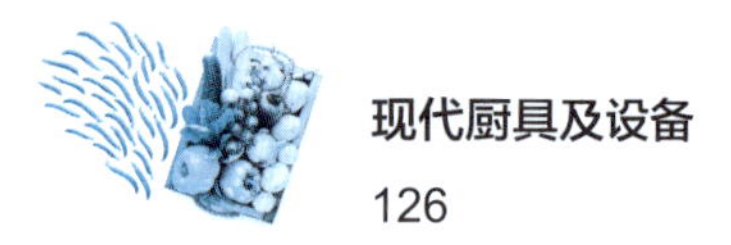

三、馒头机

1. 馒头机的功能及特点

馒头机（见图 6-12）是将发酵面团制作成馒头的设备，具有清洁卫生、工作高效等特点。

● 图 6-12 馒头机

2. 馒头机的使用方法

首先，将设备放置平稳，安全接地。

然后，空载试机 2 分钟，检查设备有无异常。

接着，根据所需馒头坯的大小逐渐调节手轮至符合要求。

最后，开机，将切好的面团连续、均匀地放入面斗内。

3. 馒头机的使用及维护保养要求

每次使用前应向齿轮滴入润滑油，确保其运转灵活。

在设备运转过程中应确保扑面盒内有足够的面粉，以防面团与切刀成形轴黏结而影响馒头质量。

每次使用完毕后应关闭开关，将与面团接触的部件清理干净，以防残留的面团干结、堵塞、发霉而影响设备正常运转。

发现设备运转不正常时，要及时停机检查。

四、饺子机

1. 饺子机的功能、特点及构造

饺子机（见图 6-13）是将面团和馅料制作成饺子的设备，具有操作方便、安全卫生、面皮厚薄均匀、馅量多少可控、成品美观等特点。

饺子机由机架、减速装置、供馅装置、供面装置和成形装置等部分构成。

● 图 6-13　饺子机

2. 饺子机的使用方法

首先，接通电源，空载试机 3 ~ 5 分钟，检查设备有无异常。

然后，将馅料装入馅斗，扳开输馅离合手柄，调节馅量手柄到合适位置，开机观察出馅是否均匀、稳定。待出馅正常时，扳停输馅离合手柄。

接着，将和好的面团切成 5 ~ 7 厘米宽的条状，投入面斗，并调节面量多少和面皮厚薄。

最后，将成形干面斗和底面盒内放满干面粉，扳开输馅离合手柄，即可进行饺子包制。

3. 饺子机的使用及维护保养要求

使用完毕后应将设备清洁干净。

应定期往齿轮上滴加润滑油，保证设备正常运转。每半年应检修一次轴承。

五、月饼机

1. 月饼机的功能及构造

月饼机（见图 6-14）又称月饼生产线，主要用于生产月饼，一般由包馅机、成形机和排盘机三部分组成。月饼机相关配套设备还有和面机、搅拌机和烤箱等。

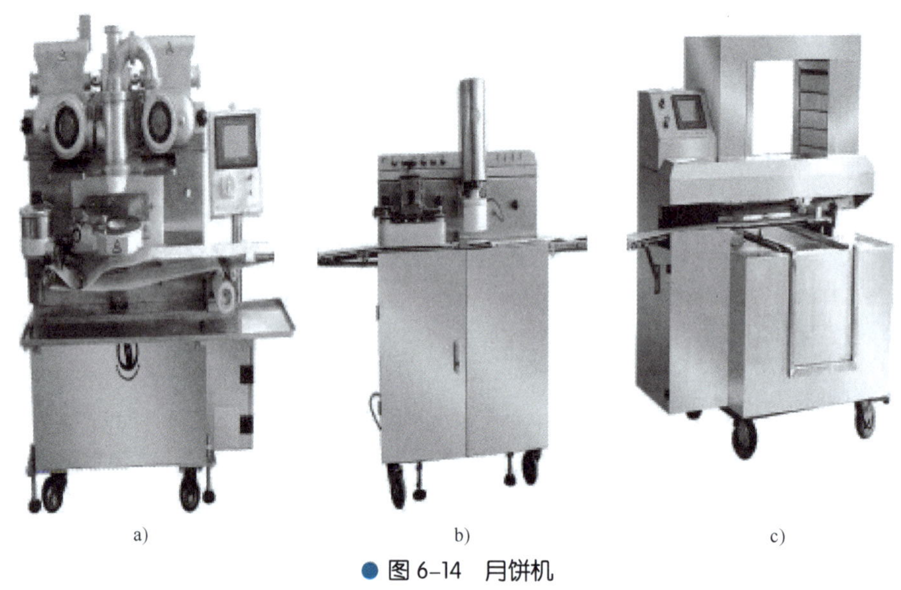

a)　　b)　　c)

● 图 6-14　月饼机

a）包馅机　b）成形机　c）排盘机

2. 月饼机的使用及维护保养要求

使用包馅机时，应注意皮馅硬度要基本一致，变频器应按产品馅料、皮料计量及切割速度进行设置。

使用成形机时，不可遮挡光电开关。换模时应停机，以确保安全。原料粘模时应先断电，再进行清理。

使用排盘机时，不可有异物卡阻。如果听到异常响声，应立即停机检查。不可用手驱动齿轮、链条和链轮等，以免夹伤。设备运转时不要进行清洁和加注润滑油。

使用完毕后，要对设备与原料接触的部位进行彻底清理，以免原料残渣干硬、霉变，损坏设备部件。清理时应避免使用钢丝球、研磨工具以及有漂白作用和含研磨剂的洗涤剂等。

设备清理干净后要用布擦干，然后风干，防止其受腐蚀、生锈。

设备应安装在干燥环境中。

思考与练习

1. 面点加工常用的成形工具有哪些?
2. 和面机的使用要求是什么?
3. 压面机的使用方法是什么?
4. 分割滚圆机的使用及维护保养要求是什么?
5. 简述醒发箱的功能和构造。
6. 饺子机的使用方法是什么?

第七章
厨房其他设备

学习目标

1. 了解厨房其他设备的功能。
2. 掌握厨房其他设备的使用及维护保养要求。

除了加工、烹饪加热、制冷等设备外，厨房中还需要使用一些其他设备，如排烟换气设备、清洁消毒设备，以及升降、照明和消防等设备。它们是厨房设备的重要组成部分，对保证厨房生产的正常进行有重要作用。

第一节　排烟换气设备

由于厨房的特殊性，部分设备在运转过程中会排出油烟和水蒸气。如果不进行适当的通风排烟换气或油烟净化，厨房里的温度和烟气浓度会逐渐上升，形成恶劣的工作环境，损害工作人员身体健康，降低工作效率。因此，必须借助相关设备来排烟换气、净化油烟。

一、排烟设备

1. 伞形排烟罩

伞形排烟罩（见图 7–1）主要用于排除洗碗水池、洗碗机及某些小型单台烹饪设备产生的污热气体，是厨房中必备的设备。它结构简单，制造简易，风量设计合理时排风效果良好。它通常安装在产生污热气体的设备上方，一般不设过滤和净化装置。厨房中使用的伞形排烟罩横截面多为长方形。

2. 油网式排烟罩

油网式排烟罩（见图 7–2）是厨房中最常用的一种排油烟罩，多用于普通餐饮企业的厨房。其长度根据灶具的数量和摆放长度而定，高度一般为 55 厘米，宽度一般为 125 厘米，前沿带排烟装置的总宽度一般为 150 厘米。罩体内一侧以 60° 的斜度装有迷宫式过滤油网，有一定的油烟过滤能力。

图 7-1　伞形排烟罩

图 7-2　油网式排烟罩

3. 运水排烟罩

运水排烟罩（见图 7-3）是具有排污、加水、加洗涤液、循环等功能的一整套自动控制系统，使用很方便。它的基本工作原理是，将配有洗涤液的水经水泵加压后送到排烟罩内喷洒成扇形，从罩体下方上来的油污气体在与扇形水面接触中被去污净化，而水经气液分离扇分离后流回水箱。经此排烟罩净化后的气体除油率可达到 90% 左右，基本不再污染管道。由于水雾的隔离作用，这种排烟罩还有一定的防火功能。

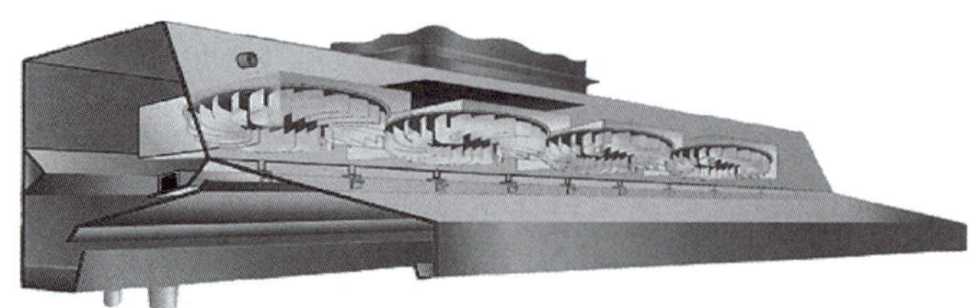

图 7-3　运水排烟罩

4. 撞击流排烟罩

这种设备具有传质系数高、体积小、净化效率高、能耗较少的特点，其油烟净化效率可达 95% 以上。它的核心装置是一种主动式高速气液接触装置。在现有排油烟设备中，它净化效率较高，运行成本最低，体积最小。

选用这种设备时要根据排烟罩的长度计算出反应箱的数量，将所有反应箱顺序排列在罩体内，并连接好排风管道、进水管、排水管、控制箱等部件。

5. 油烟净化器

油烟净化器（见图 7-4）专用于净化带油且有气味的废气，从而净化空气，改善厨房等处的综合环境。它能够实现无油、无烟、无味排放，并且安全防火。它广泛适用于餐饮行业及学校、机关、工厂等单位需要净化油烟的场所，特别是各类厨房。

图 7-4　油烟净化器

知识链接

饮食业油烟排放标准

2001 年，国家有关部门发布了《饮食业油烟排放标准》（试行）（GB 18483—2001）。该标准要求所有排放油烟的饮食业单位必须安装油烟净化设施，并规定了饮食业单位油烟的最高允许排放浓度和油烟净化设施的最低去除效率。

该标准规定，饮食业单位的油烟净化设施最低去除效率限值按饮食业单位规模分为大、中、小三级，饮食业单位的油烟最高允许排放浓度和油烟净化设施最低去除效率按下表规定执行。

饮食业单位规模	小型	中型	大型
最高允许排放浓度 /（mg/m^3）		2.0	
净化设施最低去除效率 /%	60	75	85

目前，该标准即将进行修订，对油烟排放浓度的限值有可能进一步收紧。

二、通风换气设备

1. 轴流式风机

轴流式风机（见图 7–5）又叫局部通风机，是餐饮企业常用的一种风机。它不同于一般的叶轮，它的电动机和叶轮都在一个圆筒里，外形呈筒状。轴流式风机用于局部通风，安装方便，安全可靠，通风换气效果明显，并可以接上风筒把风送到指定的区域。

● 图 7–5　轴流式风机

2. 抽风机

（1）抽风机的功能及特点

抽风机又叫侧流鼓风机、离心鼓风机、小型鼓风机，是一种吹气或吸气两用的通用设备，基本所有需要通风的场所均可使用。抽风机按通风原理不同，分为高压、中压、低压、负压四种，其中负压抽风机噪声小、耗电少、风量大、运行平稳、寿命长、效率高、防水、防尘、美观，并拥有百叶自动开启、关闭系统。负压抽风机一般安装在下风口，往外抽出异味气体。

（2）抽风机的使用要求

使用前，应先检查抽风口是否处于打开状态，并至少打开一半的抽风口。

抽风机正常运转时，严禁将风口关闭或随意调整风口开关，这将导致风管变形，影响风机寿命及风管寿命，且容易发生故障。

3. 抽风柜

（1）抽风柜的功能及特点

抽风柜也叫低噪声柜式离心风机，具有结构稳固、运行平稳、噪声小、耐高温、风量大、压力大、造型美观、安装简便、易于维修保养等特点。它广泛用于各类需要通风的场合，还可配套用于中央空调系统、空气净化系统。可将其各部件拆散，安装时再重新组装。抽风柜有不同种类，目前猪笼式低噪声抽风柜（见图 7–6）使用较多。

● 图 7–6　猪笼式低噪声抽风柜

（2）抽风柜的使用及维护保养要求

抽风柜的供电电源一般为三相 380 伏电源，使用前应先检查电源电压是否符合要求，有无缺相。电源还应设有缺相保护器和过载保护器。

使用时应先启动电动机，检查风机转向是否正确。如果转向不对，应停机改变电源相序。

抽风柜应由专业人员专职管理，并定期检查运行状况，定期向加油孔注油，以保证设备的正常运行。

4. 中压风机

常见中压风机（见图 7–7）为离心风机，叶轮外覆有外壳，叶轮中心为进风口。中压风机将空气从进风口吸入，空气在惯性力的作用下沿叶道从出风口排出。

● 图 7–7　中压风机

使用前应检查进出风口及润滑部位，适当调整 V 带的松紧度。

平时应经常清除中压风机表面灰尘，检查清洁轴承，紧固各部螺栓。必要时更换润滑油和密封圈。

第二节　清洁消毒设备

清洁消毒工作是保证餐饮企业服务质量的重要工作之一。使用清洁消毒设备不但能提高厨房清洁度，而且还能减轻工作人员的劳动强度。为了延长清洁消毒设备的使用寿命，减少工作事故，提高服务效率和服务质量，工作人员必须了解清洁消毒设备的特点，掌握正确的使用方法和维护保养要求。

一、洗碗机

1. 洗碗机的功能及特点

洗碗机（见图 7–8）是大中型餐饮企业常用的一种餐用清洁设备。它既可用于清洗碗、盘子，也可用于清洗玻璃酒杯、茶具、筷子、叉、刀、勺等餐具。洗碗机可以在 60 ~ 80 ℃高温下清洗，并可在机内消毒、烘干。

2. 洗碗机的使用及维护保养要求

初次使用洗碗机时，应先在不装餐具的情况下试运转一次，确认设备运转正常，无漏水现象后方可使用。

设备运转时不要把排水软管浸入水中，以免水倒流，影响洗涤效果。

在无水、水温低、水压小、冲洗力不足的情况下不可使用洗碗机。

使用时应避免电气装置被水淋湿。

使用完毕后要关闭水龙头，清洗滤网，将各开关复位。

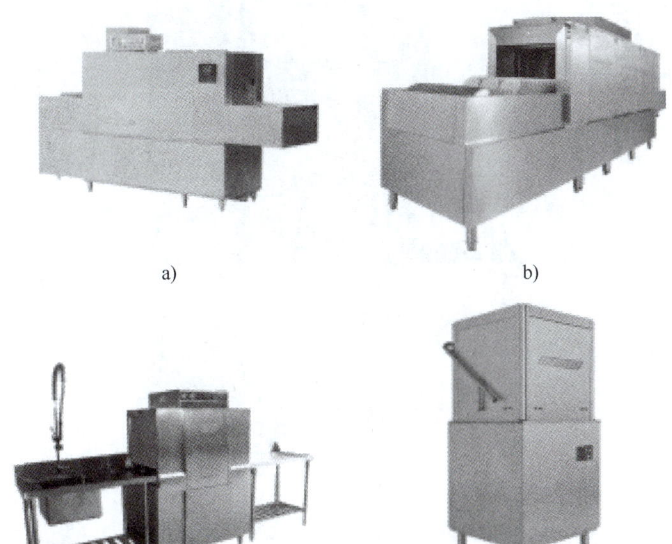

a)　b)　c)　d)

● 图 7-8　洗碗机

a）履带式洗碗机　b）自动式洗碗机　c）卧式洗碗机　d）揭盖式洗碗机

二、器皿洗涤机

烘焙厨房的器皿在使用完毕后需要洗涤、晾干并归位，而烘焙厨房的器皿和一般厨房器皿在器皿规格上存在较大差异，因此通用的厨房洗涤设备并不一定适用于烘焙厨房。烘焙厨房常见的烤盘、搅拌盆等器皿形状特殊，再加上经过高温烘焙的烤盘容易附着难以清洗的炭化物质，因此这些器皿大多不易清洗。

器皿洗涤机（见图 7-9）就是一种烘焙厨房专用的清洁设备。这种设备多配有专用推车，既减轻了工作人员的劳动强度，又方便清洗，可以提高工作效率。

三、洗衣机

洗衣机是一种常用的清洁设备，可用于清洁围裙、工作服等厨房用品。它可以减轻工作人员的劳动强度，提高工作效率。

洗衣机的使用及维护保养要求如下：

洗衣时应避免把硬物放进洗衣机，以免造成洗衣机损坏。

● 图 7-9　器皿洗涤机

应避免将水洒到洗衣机的开关和电气装置上，洗衣时的水温不可超过 50 ℃。

使用完毕后应拔出电源插头，取下线绒渣过滤器进行清洗，并用软布擦拭机体。

四、高压水枪

高压清洗是最科学、经济、环保的清洁方式之一。高压水枪是高压清洗机、高压水射流清洗机的俗称，是一种通过动力装置使高压柱塞泵产生高压水流，以冲洗物体表面的设备。它能将污垢剥离冲走，清洗物体表面，多用于冲洗厨房地面、工作台等，也是餐具清洗前的冲洗工具，可以提前除去餐具上的部分残渣。

高压水枪一般分为直立式高压水枪和壁挂式高压水枪（见图 7-10）两种。

● 图 7-10　壁挂式高压水枪

五、消毒柜

消毒柜（见图 7-11）用于餐具消毒，是一种重要的消毒设备，它有多种规格。

● 图 7-11　消毒柜

消毒柜的使用及维护保养要求如下：

使用前，外壳必须接好地线，以保证安全。

未放餐具的空柜不可在高温下烘烤过长时间，否则柜体会变形。

柜内的餐具应合理摆放。

操作时不可撞击消毒柜的远红外加热管，以免其受损。

应经常擦拭箱体内部，以保持清洁卫生。

第三节　升降、照明、消防等设备

升降、照明、消防等方面的设备也是厨房不可缺少的设备。升降设备用于厨房物品搬运，可以减轻工作人员劳动强度，加快搬运速度，提高工作效率。使用炉灶时，光线不足容易使工作人员产生疲劳感，并导致安全隐患，影响菜肴烹调质量，而照明设备可为厨房提供充足照明。消防设备可以为厨房安全生产提供保障，更好地保护人身财产安全。

一、升降机

升降机是一种起重运输设备，可使繁重的装料、卸料工作实现机械化，缩短工作时间，提高工作效率。

升降机的使用及维护保养要求如下：

使用时应注意装货舱所装货物重量，严禁超载。

运货的升降机禁止载人。

保护装置和安全联锁装置不正常时，禁止使用升降机。

应经常检查钢丝绳完好程度及紧固情况。

二、照明设备

1. 厨房照明要求

厨房工作人员需要有充足的照明光线，才能顺利地进行工作。特别是使用炉灶时，光线不足不仅会影响工作质量，还可能导致工伤事故。

良好的厨房照明应该满足以下要求：整个厨房的光照度应达到 200 勒克斯，主要工作区应达到 400 勒克斯；灯具要避免产生阴影，灯光颜色要自然，光线要稳定；厨房设备光洁的表面在灯光直射下会反射出耀眼的光线，因此应尽量使用间接照明和漫射灯光，防止出现眩光。

2. 照明设备的使用及维护保养要求

厨房照明应尽量选用防爆灯具，并安装灯具保护罩。

要注意保持灯具的清洁与卫生，经常检查灯具，如有故障应及时维修。

三、消防设备

餐饮企业厨房往往大量使用油、电和燃气，如果操作不当，很容易引发火灾等安全事故。因此，正确规范地配备和使用消防设备尤为重要。灭火器是厨房常用的消防设备之一，它主要有以下几种：

1. 干粉灭火器

干粉灭火器可用来扑灭固体、可燃液体、可燃气体或带电设备的初期火灾。使用干粉灭火器时，应先将灭火器上下颠倒几次，使其中的干粉预先松动；然后拔出保险销，再压手柄，进行喷射。喷射时，要将喷嘴对准火焰根部，左右摆动，由远及近，快速推进，不留残火，以防复燃。

使用干粉灭火器时应注意：扑灭液体火灾时，不要直接向液面喷射；若在室外使用，应在上风处向下风向喷射。

2. 泡沫灭火器

泡沫灭火器主要用于扑灭油类火灾。

使用泡沫灭火器时应注意：扑灭容器内易燃液体的火焰时，应将泡沫喷射到容器内壁上；扑灭燃烧的固体的火焰时，要尽量接近火源。

3. 二氧化碳灭火器

二氧化碳灭火器主要用于扑灭带电设备火灾，可分为手轮式二氧化碳灭火器和鸭嘴式二氧化碳灭火器等类型。

使用手轮式二氧化碳灭火器时，应手提提把，将喷筒对准火源，逆时针旋转手轮，

即可喷出二氧化碳。

使用鸭嘴式二氧化碳灭火器时，应一手拔出保险销，握住喷筒根部的手柄，另一手按下鸭嘴式压把，二氧化碳即可从喷筒喷出。

四、厨余垃圾分解机

随着人们环保意识的普遍增强以及法律法规的日趋完善，厨余垃圾的处理问题日益突出，而利用相关设备处理厨余垃圾是一种重要的处理方式。厨余垃圾分解机就是一种近年来出现的环保厨房设备。

部分微生物能够分解垃圾。厨余垃圾分解机在厨余垃圾中加入特殊的微生物，将厨余垃圾中的有机成分加以分解，分解产生的水分和气体没有异味，可以直接排放。

五、电热开水器

1. 电热开水器的功能及构造

电热开水器（见图 7-12）用于烧开水。其主体为水箱，水箱底部设有电热管，水箱侧面设有进水管和出水龙头。电热开水器可在水箱内开水用至设定水位后才自动进行冷水补充，以解决冷热水混合的问题。

● 图 7-12　电热开水器

2. 电热开水器的使用及维护保养要求

电热开水器应放置于牢固的平台上，其附近应有排水地漏，方便清洗排污及故障条件下的溢水。

外部电源应安装有独立的电源开关及漏电保护装置。电热开水器的金属外壳要安全接地。

不可将电热开水器安装在潮湿的环境（如浴室）中。因为水蒸气易在电热开水器的绝缘介质表面凝结，降低其绝缘性能，从而造成漏电事故。

使用时应先注满水后再接通电源，不可随意自行调整温度控制器，以防将温度控制器调至沸点以上。

在使用过程中，不可轻易拆除电热开水器的接地导线，以防触电。

应经常检查电热开水器的进水源，防止进水口处堵塞，避免发生电热管干烧现象。

应定期清除电热开水器中的水垢。如果水质较差，可在电热开水器进水口处安装净水器，以提高电热开水器的工作效率，延长其使用寿命，保证饮用水的清洁卫生。

在保养清洗电热开水器前，必须关闭电热开水器的水源和电源。

清洁电热开水器的外壳时，应用干净的抹布进行擦拭，严禁用喷射水流冲洗电热开水器外壳及电气装置。

六、除湿机

1. 除湿机的功能、构造及分类

除湿机用于减少某些空间或某些特殊物品所含的水分，从而减少霉菌和细菌的滋生，防止一些食品和设备等受潮。除湿机一般由压缩机、热交换器、风扇、盛水器、机壳及控制器组成。除湿机可分为冷凝式除湿机和转轮式除湿机等类型。

冷凝式除湿机通过降低温度来达到除湿效果，它技术成熟，价格低廉，节能省电。它的缺点是噪声较大，而且低温时除湿效率低下，甚至无法工作。

转轮式除湿机通过升温冷凝来除湿，其能耗较多，除湿量比冷凝式除湿机少。

2. 除湿机的使用要求

除湿机不要放在热源旁使用，以免增加耗电量。应在密闭性较好且不会产生水蒸气的场所（如门窗关闭的房间）使用。

应保证除湿机进出口空气通畅，四周没有较大的障碍物。

移动除湿机时，设备倾斜度不要超过 45°，严禁倒置或横放，以免造成设备损坏。

七、灭蚊灯

1. 灭蚊灯的功能及特点

灭蚊灯（见图 7-13）是根据蚊子的生活习性，通过发射光线或释放二氧化碳诱蚊后再通过负压装置捕蚊的一种简易实用设备。灭蚊灯可以分为电子灭蚊灯、粘捕式灭蚊灯、负压气流吸蚊灯三种。灭蚊灯具有结构简单、美观大方、体积小、耗电少等特点。使用灭蚊灯灭蚊是一种相对环保的灭蚊方式。

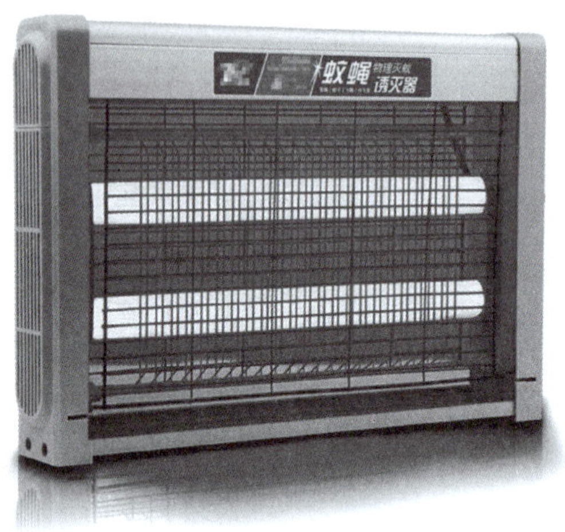

● 图 7-13　灭蚊灯

2. 灭蚊灯的使用要求

灭蚊灯应放在离地面一米高的空旷处。当环境黑暗和安静时，灭蚊灯灭蚊速度最快，效果最佳。

灭蚊灯工作时会产生电火花，所以一切粉尘多，以及有易燃、易爆可能的地方都严禁使用，以免引起事故。

不可带电移动灭蚊灯，使用时不可将手伸入设备内或随意摆弄设备，以免损坏设备或发生意外。

清洁灭蚊灯时，务必先关闭电源并用螺丝刀等工具将灭蚊灯上的高压电网放电，放电时必须拿着螺丝刀等工具的绝缘部分，以防遭受电击。

室内使用时，不可将灭蚊灯放入水中或将水倒入灭蚊灯。室外使用时，如逢雨天必须将灭蚊灯拿到室内，以免短路。

八、净水器

净水器（见图 7-14）也叫净水机、水质净化器，可按使用要求对水进行深度过滤、净化处理。净水器的核心是滤芯中的过滤膜，过滤膜有超滤膜和反渗透膜等几种类型。

按管路设计等级不同，净水器可分为渐紧式净水器和自洁式净水器两类。渐紧式净水器的截留物沉积于滤芯内部，需要定期人工拆洗。自洁式净水器增加了一条洗涤水管路，既省去人工拆洗的麻烦，又免除了部件本身的二次污染，还能减少能耗费用。

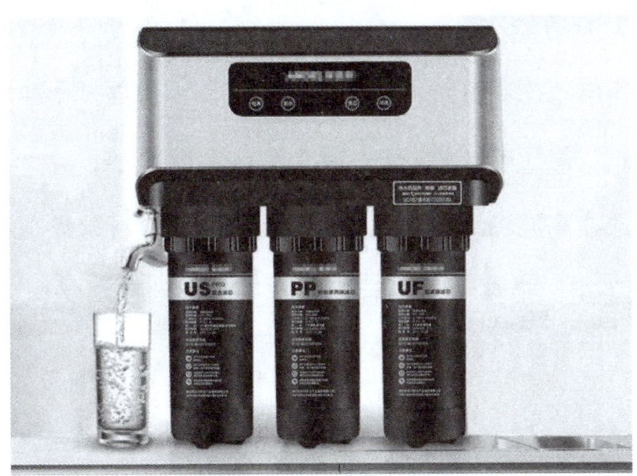

● 图 7-14　净水器

九、电子秤

1. 电子秤的功能及构造

电子秤是衡器的一种，用于测定物品重量，是国家强制检定的计量器具。电子秤主要由承重系统（如秤盘）、传力转换系统（如杠杆传力装置、传感器）和示值系统（如电子仪表）三部分组成。电子秤按放置位置不同可分为电子桌面秤、电子台秤（见图 7-15）等类型。

● 图 7-15　电子台秤

2. 电子秤的使用方法

首先，将电子秤置于稳固平整的桌面或地面上，不要放在不平或不稳的桌面或台架上。

然后，打开电源开关，将电子秤预热 2 分钟以上，预热时间越长测量精度越高。不要在打开电源开关时就直接将物品放在秤盘上。

接着，将电子秤置零。如果开机时显示的重量不是零的话，可稍等一会，或重新开机置零。

最后，将物品放于秤盘上即可显示物品重量。如果称重时使用了辅助性的容器（如小盆等），还需要使用“去皮”功能扣除辅助性容器重量。按下“去皮”键，电子秤上的重量值将显示为零，随后放上物品，即可显示其净重值。

3. 电子秤的维护保养要求

电子秤严禁受雨淋或用水冲洗，若不慎沾水要用干布擦拭干净。

严禁敲打、撞击、重压电子秤。

不可将电子秤放在高温和潮湿环境中（专用防水防腐秤除外）。

电子秤若长期不用，须擦拭干净后用放有干燥剂的塑料袋包好。若使用干电池，应将电池取出，否则电池生锈会腐蚀损坏电子秤。

十、测温仪

1. 测温仪的功能及构造

测温仪用于对电冰箱、洗碗机、制冰机和烤箱等设备进行温度测量监控，它还能够快速而准确地测量食物的温度。与传统的厨房温度计相比，它不用插入食物，十分方便。测温仪有较多种类，常用的为红外测温仪（见图 7–16），它由光学系统、光电探测器、信号放大器、信号处理部件、显示输出部件等组成。

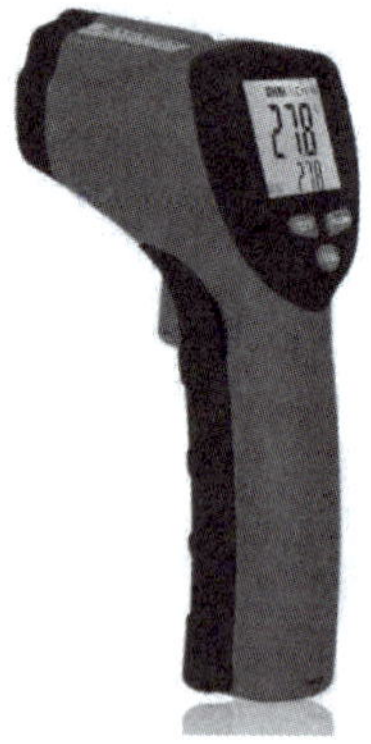

● 图 7–16　红外测温仪

2. 红外测温仪的使用要求

使用时应用干净的压缩空气吹走透镜表面的灰尘，再用湿棉签小心地擦拭透镜表面，用湿海绵或软布清洁测温仪外壳。

切勿将红外测温仪浸入水中。

3. 红外测温仪常见故障原因及排除方法

红外测温仪常见故障原因及排除方法见表 7–1。

表 7–1　　红外测温仪常见故障原因及排除方法

故障表现	产生原因	排除方法
显示屏显示“OL”	目标温度超出指标范围	选择指标范围之内的目标
显示屏显示“-OL”	目标温度低于指标范围	选择指标范围之内的目标

续表

故障表现	产生原因	排除方法
显示屏内容模糊	电池电量过低	更换电池
显示屏空白	（1）电池耗尽 （2）环境温度高于 40 ℃	（1）更换电池 （2）待环境温度降低时使用
蜂鸣器长响	设置了温度限值，并且测量值超过限值	重新设置或取消限值设定

十一、水鞋架

水鞋架（见图 7–17）主要用于后厨员工水靴的控水、烘干。它节省时间、空间，清洁卫生，方便快捷。水鞋架多用不锈钢制成，包括主架、插鞋管、装饰盖帽等部件。水鞋架有电热式和普通式两种。

图 7–17　水鞋架

使用时周围不可有存在爆炸危险的介质，以及能腐蚀金属和破坏设备绝缘性能的气体或导电介质，不可充满水蒸气，不可有较多的霉菌。

思考与练习

1. 常见的厨房排烟设备有哪几种？
2. 抽风机的功能及特点是什么？
3. 洗碗机的使用及维护保养要求是什么？
4. 简述常见灭火器的类型及使用方法。
5. 电热开水器的使用及维护保养要求是什么？

第八章

我国厨具及设备的发展

学习目标

1. 了解我国厨具及设备的历史与发展现状。
2. 了解我国厨具及设备发展的前景与方向。

我国厨具及设备有着悠久的发展历史，尤其是近年来，发展速度较快。未来，我国厨具及设备的发展前景非常广阔，将不断走向现代化。

第一节　我国厨具及设备的历史与发展现状

我国厨具及设备有几千年的悠久历史，经历了一个从无到有、从取自然之物到人工制作、从低级到高级、从简单到复杂、从粗糙到精致的发展过程。

近年来，随着经济发展和技术进步，我国厨具及设备发展速度较快，但与先进工业国家仍存在一定差距。

一、我国厨具及设备的历史

人类进入卫生文明的熟食时代，正是源于火的使用和厨具的发明。厨具的每一次创新和改进，都为我国烹饪向新的高度发展奠定了基础。

我国历史上的厨具按材质和制作工艺不同，大致可分为陶器、青铜器、铁器、漆器、瓷器等几种，它们在不同的历史阶段推动着我国烹饪的发展和创新。

大约在新石器时代初期，我们的祖先发明了陶器，并开始用陶器作为厨具。陶器的出现和改进，对人们的饮食产生了重大影响。陶器促进了熟食烹饪方法的改进，即在烧、烤等方法之外，又增加了煮、蒸的方法。

我国在商周时期创造了青铜器厨具，这是我国厨具划时代的进步。它象征着我国的厨具进入了金属时代，对我国烹饪技术的发展和提高起到了极大的促进作用。

到了隋唐五代时期，铁制厨具在此前的基础上得到进一步发展，生铁釜、三足铁锅的使用更加广泛。配合垒砌灶使用的，由铁釜、铁甑组成的复合厨具一直到明清时期都没有发生本质变化，是隋唐至明清时期的主要厨具。

在食具方面，陶器、青铜器、漆器都曾占有重要地位。在远古时代，我们的祖先已用生漆涂制食具。秦汉之际，漆器制作达到历史的顶峰，漆器在烹饪和饮食中应用很广。东汉时代的青瓷在我国历史上首次真正以瓷器的面貌出现，瓷器进而以压倒之势成为我国食具中的主流。自隋唐起，形成了我国食具史上的瓷器时期，自隋唐至明清的食具未发生大的变化。

我国历史上的几种厨具如图 8-1 所示。

a)　b)　c)　d)　e)　f)

图 8-1　我国历史上的几种厨具

a) 陶壶　b) 青铜灶　c) 青铜簋　d) 青铜甗　e) 瓷盘、瓷碗　f) 金碗

总体来看，我国厨具发展速度比较缓慢。究其原因，除历史因素外，科技和经济落后是最主要的因素。另外，我国烹饪长期以来一直以手工操作为主，受传统手工技艺和经验性思想的影响，加上厨师自身科学文化素质的限制，人们在很大程度上忽视

了先进技术在烹饪设备上的应用。

二、我国厨具及设备的发展现状

1. 缺乏完整统一的专业标准和质量规范

我国各民族、各地区的饮食文化和饮食习惯等方面的差异较大，地方特色较浓，这是我国厨具及设备呈现多样性的一个主要原因。此外，几十年来烹饪对外交流的发展以及烹饪行业自身深化发展的需要，在一定程度上也促进了我国厨具及设备的多样化。这种多样化具体表现在我国厨具及设备体系庞杂、层次多元、种类和规格繁多、制造材料多样、功能用途各异、器型与装饰风格丰富等方面。

种类繁多是我国厨具及设备的一大特点，但我国厨具及设备目前仍未形成自己完整统一的专业标准和质量规范体系。从材料的选择，到设备的设计、制造、安装、维修、管理，大多缺乏完善统一的执行标准和质检标准，其中有相当一部分是借用其他行业标准，或执行厂家自定的标准。这就造成各类厨具及设备质量参差不齐，在一定程度上制约了我国厨具及设备的发展。

2. 传统厨具与现代设备并存

受我国传统饮食文化的影响和传统烹饪工艺的限制，不少传统厨具（如陶器、瓷器和各种铁制器具等）至今仍广为使用，而且还占据不小的比例。但因时代的发展和科技的进步，我国厨具及设备的现代化也成为一种趋势，像电磁炉、微波炉、太阳能炉、自动加工设备、自动电饭锅、自动碗碟清洗机和消毒柜等现代化设备以及很多新材料器具，也已被我国厨房普遍使用。近年来，现代化厨具及设备在我国的使用量逐渐增大，并有成为我国厨具及设备主体的发展趋势。

此外，现代烹饪器具的仿古现象和传统烹饪器具的现代化改造，也是传统与现代并存的一种表现。

3. 发展速度较快

过去，我国厨具及设备制造行业的技术水平不高，绝大多数产品的制造材料以纯铝为主，核心技术主要为冷冲压、普通的模具制造和手工操作的表面处理，科技含量较低。

近十年来，我国厨具及设备的发展速度较快。在原料预处理和热处理方面，适应厨房生产环节和工艺要求的各种新型厨具及设备不断出现并得到广泛应用，而且近年

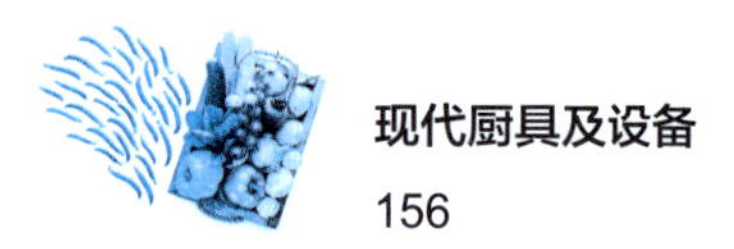

来发展速度不断加快，自动控制水平有了很大的提高。很多厨房拥有的果蔬、肉类、面点和其他原料的加工设备十分齐全，制冷、储运、清洁、消毒、通风、排气等方面的专业设备也一应俱全。

随着经济的发展和科技的进步，我国厨具及设备的科技含量越来越高。近年来，具有高科技含量的新型厨具及设备在我国逐渐兴起，不仅符合了加强厨房环保、改善烹饪环境的要求，而且注重了人性化的需要，让烹饪变得越来越简单、快捷、轻松。

4. 与先进工业国家仍存在一定差距

尽管近年来我国厨具及设备发展速度较快，但与先进工业国家的厨具及设备发展水平相比，客观而言仍存在一定差距，这主要体现在以下几点：

一是设备配套性差，自动化程度低，自动控制技术等现代科技在厨具及设备中应用较少。

二是设计水平偏低，设计简单，很少进行优化设计和可靠设计，而且厨具及设备的技术标准不够统一。

三是制造材料落后，综合利用率低，部分设备比较笨重，质量不佳，使用寿命短，不易维修。

四是由于中式菜点的特性，部分厨具及设备加工出的原料形状不完全符合烹调要求。

五是功能单一，复合性不足。我国目前生产的厨房初加工设备，很多是单功能的。因此，厨房中会用较多的场地来摆放各种设备，不仅成本高、使用效率低，而且管理也不方便。

第二节　我国厨具及设备的发展前景与方向

一、我国厨具及设备的发展前景

从国际、国内、经济、技术等多方面因素来看，我国厨具及设备的发展前景非常广阔，主要原因有以下几点：

1. 全球厨具及设备产业向我国转移，促进国内市场发展

在全球化背景下，全球厨具及设备产业格局发生较大调整，生产制造环节逐步由发达国家向发展中国家转移。我国依靠成本和制造能力优势，吸引了许多国际知名的厨具及设备制造企业在我国投资建厂。我国目前已经成为全球厨具及设备的主要生产基地，生产企业规模不断扩大，数量不断增多，技术水平不断提升，这些将有力促进国内厨具及设备的发展。

2. 城镇化进程和居民生活水平提高推动厨具及设备消费升级

未来我国城镇化进程仍将持续，居民住房条件、饮食条件将不断得到改善，居民可支配收入也将继续提高，这些都将使国内厨具及设备市场需求保持稳定的增长，带动国内厨具及设备行业的快速发展和产业提升。

3. 技术及理念革新推动厨具及设备产业整体升级

在材料技术、加工技术以及自动化、智能化技术等新技术的推动下，我国厨具及

设备产业正处于升级阶段。在安全、节能、低碳的理念下，我国厨具及设备将继续从简单的适用性向多功能化、智能化、时尚化转变。

二、我国厨具及设备的发展方向

1. 厨房现代化的发展趋势

在烹饪文化的发展和各类新技术的推动下，各类厨房不断走向现代化，这是厨具及设备的发展基础，决定了厨具及设备的发展方向。厨房的现代化有以下几个发展趋势：

（1）备餐过程集约化

备餐是指将烹饪原料进行初加工，制成半成品或冷菜成品的过程。备餐过程的集约化是指对备餐过程进行集中统一的科学规划配置，使烹调前的半成品形成流水作业生产线，从而既提高生产效率和卫生质量，又改善工作人员劳动条件。它建立在产量扩大、机械设备完善、储存保鲜技术满足要求的基础上。

（2）厨房设备分组模式化

厨房设备分组模式化是指按照食品烹调的特点，将整个工作流程分为储藏、准备、清洗、烹调和上菜等紧凑的工作单元。它利用现代控制技术，能有效地组织厨房设备和区域，把各工序的设备组成生产线，形成统一的工艺过程。

（3）厨房布置科学化

应用人体工程学理论科学布置厨房，可以充分利用厨房空间，促进设备优化完善，从而提高工作效率，减轻工作疲劳。例如，可以对厨房工作台面高度、橱柜外表结构设计、各种炙烤用具把手等进行优化。

（4）厨房工作信息化、智能化

计算机技术的迅速发展有力地推动了烹饪行业的科技进步，现代厨房的信息化、智能化程度越来越高，渗透到厨房工作的各个环节。例如，服务员在餐厅通过掌上点菜器点菜，打印机就可以在后厨打印出菜单。又如，有的食堂安装有用来选择膳食和结账的计算机，能显示出数千份菜肴的名称、所含营养成分和价格等信息，就餐者选定膳食后，厨房内的机器人就能按指令制成一份膳食，并由自动上菜系统送到就餐者面前。

2. 我国厨具及设备的发展方向

基于我国厨具及设备的发展现状和发展背景，未来我国厨具及设备的几个重要发展方向包括：

（1）机械化、电子化、自动化

机械化、电子化、自动化的厨具及设备可减轻工作人员劳动强度，减少工作人员数量，是我国厨具及设备的发展重点。特别是向机电一体化方向研制和应用新型厨房设备，是其中的关键。

（2）状态控制系统化

目前我国厨具及设备自动化作业程度整体不高，很多地方都是单人或单机器操作，烹饪加工状态不易控制，烹饪制品质量易产生波动。厨具及设备状态控制系统化能大大提高生产效率，提高烹饪制品品质，是今后发展的方向。

（3）多功能化和集约化

目前，很多先进的厨具及设备都具有多功能化和集约化的特点，费用低，效率高。例如，有的初加工设备由通用传动装置和成套可换执行部件组成，可根据不同目的更换不同的传动装置与执行部件，以实现不同的功能。一套设备就可进行切菜、绞肉、搅拌面团、打蛋、榨菜汁、榨果汁和研磨辣椒末等工作。同时，现代餐饮企业要向顾客提供多种服务项目，满足客人方便、快捷、个性化的需要，这也需要通过多功能的设备来实现。

（4）特色化

我国厨具及设备发展的一个方向是保持特色化，注重发展具有中国特色的厨具及设备，使我国独具风味的烹饪制品能够实现机械化、自动化制作。

（5）环保化

环保是现代社会的发展趋势，绿色厨具将是未来的发展方向。保护环境、节约能源、降低消耗也是我国厨具及设备今后的重要发展方向之一。

（6）管理科学化

现代厨具及设备大多技术含量高、精密复杂，如果管理不善，必然会影响厨具及设备的使用效果，影响厨房工作效率。因此，加强现代厨具及设备的科学管理和利用，也是今后的一个重点。

此外，我国厨具及设备的其他重点发展方向还包括：加强标准化、系列化、通用化厨具及设备的研究和推广，加强新材料、新工艺的研究和应用，提高烹饪制品检测仪器设计与制造质量等。

思考与练习

1. 简述我国厨具及设备的发展现状。
2. 简述我国厨具及设备的发展方向。